花言草语

HUA YAN CAO YU

50种花+50种草，
敲拓最自然的居家生活！

中国农业大学出版社

图书在版编目（CIP）数据

花“言”草“语” / 原草编著.—北京：中国农业大学出版社，2010. 9
ISBN 978-7-5655-0035-0

Ⅰ. ①花… Ⅱ. ①原… Ⅲ. ①观赏园艺 Ⅳ. ①S68

中国版本图书馆CIP数据核字（2010）第116746号

书　　名　花“言”草“语”
作　　者　原草　编著

策划编辑　张　蕊　赵　中　　　责任编辑　王茂良　张　蕊
装帧设计　创意天使设计公司　　责任校对　王晓凤　陈　莹
出版发行　中国农业大学出版社
社　　址　北京市海淀区圆明园西路2号　　邮政编码　100193
电　　话　发行部 010-62731190，2620　　读者服务部 010-62732336
　　　　　编辑部 010-62732617，2618　　出　版　部 010-62733440
网　　址　http：//www.cau.edu.cn/caup　　e-mail cbsszs@cau.edu.cn
经　　销　新华书店
印　　刷　涿州市星河印刷有限公司
版　　次　2010年9月第1版　2010年9月第1次印
规　　格　787×1 092　16 开本　10.25 印张　250千字
定　　价　38.00元

前言

植物如友，与它相伴，喜怒哀乐的故事都会发生。它枯萎退色，让你惋惜；它开花抽叶，给你惊喜；它有病生虫，让你焦虑；它起死回生，给你诧异……也许你不需要太多植物，选择一盆已经足够。也许你比较忙，甚至一盆都不需要。但无论怎样，你从来不曾离开过植物，相信总有一朵花或者一片叶从这本书里跳到你面前，向你讲述它的故事，或者它将与你发生的故事。

在这本书里，每种植物都有故事，比如虎尾兰的话：

手持一把把宝剑的虎尾兰，随时准备战斗。这是跟谁在掐架呢？天然生成的虎纹斑的脸蛋，给人虎虎生威之感，看上去很有点古代勇士的味道。

事实上，它的确名不虚传。比如一个10平方米的房间，有一盆虎尾兰和你朝夕相伴，它每天用灰绿色的宝剑，帮你驱走了80%的有毒气体，让你无不生活在它的保护之中。

住在有虎尾兰为你净化好的房间，你不觉惬意、踏实吗？

……

在妙趣横生的植物世界里，人是渺小的，而人对植物的认识尤其渺小。在本书即将出版之际，感念与羞怯之心并存。书中缺陷与不妥之处在所难免。恳请欢迎您批评、指正。

原　草

2010年6月

花言草语

hua yan cao yu

目录 DIRECTORY

观花类植物

花言草语

hua yan cao yu

目录

DIRECTORY

目录 DIRECTORY

观叶类植物

花言草语

hua yan cao yu

目录 DIRECTORY

花言草语

HUA YAN CAO YU

【观花类植物】

百合科

报春花科

唇形科

豆科

杜鹃花科

夹竹桃科

……

FLOWER

『百合科』

萱 草

萱草，又叫忘忧草
学名（拉丁名）*Hemerocallis fulva*

【简介】萱草是百合科萱草属的多年生草本植物。
【原产】中国、日本、欧洲南部。
【特征】具肉质肥大的纺锤状的块根。茎似根状，极短。叶狭长，基生，条形，排成两列；翠绿色。花莛粗壮，高约1米；螺旋状聚伞花序，有花10朵左右，花冠漏斗状，喇叭形；花被盛开时向外翻卷，花色有橘红、浅黄等。单朵花开1天左右。
【花期】5～9月。
【习性】喜光。为阳性植物。耐旱。耐半阴。抗病虫能力强。极耐寒，可耐－20℃低温。

plant tips
园艺师的小叮嘱

萱草一般采用分株法繁殖。

分株法：在春季萌芽前或秋季落叶后进行。将生长旺盛、花蕾多、品质好、无病虫害的大株翻盆扣出，用利刀剪取有2～3个芽的分成一丛，放进事先备好的营养土盆里掩埋，压实，一次浇透水。若春季分株移栽，当年即可开花。若秋季分株移栽，翌年则见开花。

新株成活后，每周浇1次水，每次浇水要浇足、浇匀，以早晨或傍晚为好。管理极为简易。

施肥和病虫害防治：每年在早春后、开花前略施1次薄肥，平时不再追肥。放在通风、向阳处，一般少生病虫害（——这基本上是绝大多数植物的养护要点）。若疏忽了，红蜘蛛和蚜虫就会前来光临。

红蜘蛛是那种长得细小、貌似蜘蛛的红色小虫。它在叶片背面刺吸汁液，被害的地方出现灰白色的小点。蚜虫的活动场地也是叶片，之后在花蕾上刺吸汁液，被害的花蕾因此瘦小并且容易脱落。为了避免此种情况发生，每月喷洒多菌灵，提前预防病虫害。若生了虫，参照《植物养护一点通——家用简易防虫法》就OK了。

翻盆换土，在每1～2年的春天进行。

萱草的话

“人一生所认识的人是有限的。在有限的人群中，成为好朋友的仅仅那么几个。在那么几个当中，能成为知己的却寥若晨星，而成为最亲密的爱人，简直就是凤毛麟角了。当我看到你，心中突然涌现这样的感慨。”萱草轻缓地说。

你问：“你说什么？”

萱草温文尔雅地说：“当我看到你，心中突然涌现这样的感慨——我要好好爱你。”

你又问：“你说什么？我没听清楚。”

萱草急了，把脖子向高处伸长了1米，张大嘴巴说：“我爱你，你听清楚了吗？我爱你！”

『百合科』

紫萼

紫萼，又叫紫萼玉簪
学名（拉丁名）*Hosta ventricosa*

【简介】紫萼是百合科玉簪属的多年生草本植物。
【原产】中国、日本。
【特征】地下茎粗壮。叶基生成丛，阔卵形，先端骤狭、渐尖；亮绿色，背面稍淡；中肋和侧脉在上表面下凹，背面隆起，侧脉6～8对，弧形；叶柄边缘常下延呈翅状，叶柄长10～20 cm，槽状。花莛从叶丛抽出，圆柱形，中下部有苞片，苞片为淡绿色，基部半抱茎。总状花序，花紫色或淡紫色。
【花期】5～7月。
【习性】性强健。耐寒。耐阴。忌夏季阳光直射。在浓荫通风处生长繁茂。为阴性植物。

plant tips
园艺师的小叮嘱

紫萼一般采用分株法繁殖。

分株法：在4月或10月进行。选取三年生的大株，将根丛翻盆扣出，用利刀切分，可3～5个芽为一丛，分盆另植。

分根后，一次浇透水，以后浇水不宜过多。夏季，每3～5天浇水1次，并且放在明亮的室内欣赏，避免强烈的阳光直射。冬季不必浇水，保持温度在2～5℃即可。

施肥和病虫害防治：施足基肥外，不必再追肥。每年在花期前的1个月，略施1次薄肥。平时放在通风、遮阳处，很少生病虫害。每月喷洒多菌灵，也能防患于未然。

翻盆换土，在每3年的春天进行。

紫萼的话

单位是社会的一个小单元。在这个小单元里，芝麻大的事儿，就能引起风吹草动。原因是什么？人多。所谓人多嘴杂，就是意见不一。各有各的立场，各有各的判断。这事儿与你有关，因此，你成了波澜的中心。

你向左边的同事A解释，向前面的同事B表白，向右边的同事C澄清事实真相，向后面的同事D公告来龙去脉……你忽然觉得很累，为区区小事，有必要拿捏自己，左右逢源吗？

沉默就是力量。正如紫萼的叶尖，节省的是体能，凸显的是整体的胸怀。紫萼说。

『报春花科』

仙客来

仙客来，别名萝卜海棠、兔子花、兔耳花、一品冠
学名（拉丁名）*Cyclamen persicum*

【简介】仙客来是报春花科仙客来属的多年生草本植物。
【原产】南欧、突尼斯和近东等地。
【特征】具扁圆形多肉块茎。叶丛生在块茎的顶端，具长柄，近心形；表面绿色，有银白色斑纹。花单朵腋生；花梗细长；花朵下垂，花瓣向上反卷，犹如兔耳；有白、粉红、紫红等色，还有皱、齿边及具有香气的类型和品种。
【花期】11月至翌年4月。
【习性】喜光。喜凉爽。为半寒性植物。喜疏松、肥沃、排水良好的微酸性沙质壤土。忌夏季高温、高湿。休眠期间，喜冷凉、干燥。安全越冬不低于10℃。

plant tips
园艺师的小叮嘱

仙客来一般采用分株法繁殖。

分株法：在花期过后的5月进行。将大株的球茎用利刀切成两瓣或四瓣，使分瓣上部带有顶芽，而下部仍留盆土中。3个月后，将块茎带新芽切离，移栽上盆。也可以直接切掉块茎，并在伤口处涂草木灰，然后栽植盆中，1天后再浇水，以免伤口腐烂。

新株长成后，每1～2天浇水1次，使盆土湿润，不可浇大水，掌握见干见湿原则。不可让盆土过于干燥。因为过于干燥，会使根毛受伤和植株上部萎蔫。也不可有积水。因为有积水容易烂根。浇水要浇到根部，顺着盆沿慢慢渗透，切勿将水浇到叶子和花朵上。

生长期适宜温度为15～25℃，冬季低于10℃时，花色暗淡，凋谢；夏季高于30℃时，进入休眠状。生长期适宜的相对湿度为50%～70%。

仙客来喜光，冬季及转年的春季是盛花期，为了使花蕾繁茂，应在现蕾期给予充足的阳光，放置室内的向阳处养护。

夏季高温，及时剪掉黄叶、老叶和已经萎缩的花茎。剪除时，要留大约1/2的柄，不要根剪。

施肥和病虫害防治：施足基肥后，每半个月追薄肥1次。开花期间，停止施肥。放在通风、散光处，很少生病虫害。每月喷洒多菌灵，也能起到提前预防的效果。若生了虫，参照《植物养护一点通——家用简易防虫法》就可以了。

翻盆换土，在每2～3年的春天进行。

『报春花科』

仙客来

Cyclamen persicum

仙客来的话

爱情是天外的来客，不会轻易造访谁。

当爱情降临时，宛如兔子的耳朵，显得格外别致。初来乍到的它，低眉垂眼，让你不知是何物。

它歪着头，袅袅婷婷地立在你身旁。你担心它的思想太沉，坠弯了脖颈，于是，没话找话地聊天。

你问："你家里都有什么人？"

它低头不语。

你又问："我很凶？你为什么不看我？"

它歪着头，既不肯定，也不否定。

你弓起脊背，抬头瞅着它："你说话儿呗。"

此刻，你比任何时候更渴望知道它内心的想法，然而，它依旧低眉垂眼不睬你，任你左顾右盼。

"哈喽，你听到我说话儿吗？"你怀疑它的听力有障碍。

"今天造访你的不是我，是天外的来客。"仙客来终于弹出长长的耳朵说。

仙客来

『唇形科』

蓝花鼠尾草

蓝花鼠尾草，别名一串蓝
学名（拉丁名）*Salvia farinacea*

【简介】蓝花鼠尾草是唇形科鼠尾草属的多年生草本植物。
【原产】北美南部。
【特征】有蓝色花序和白色花序两种类型。全株被毛。茎多分枝。叶对生，长椭圆形。具长穗状的花序，花小。蓝色花序的为蓝堇色，白色花序的是白色。
【花期】5～10月。
【习性】喜光。喜温暖、湿润环境。极耐寒，可耐－15℃低温。

plant tips
园艺师的小叮嘱

蓝花鼠尾草一般采用播种法繁殖，在春天进行。

播种法：将种子在温水里浸泡1天，播在河沙土里，浇水，约10天出苗。当苗长到15 cm高时，移栽上盆。移栽前，先一次浇透水，带土起苗。定根后，着手进行打顶。

浇水掌握“不干不浇，浇则浇透”的原则。夏季浇水，切不可在中午进行。

施肥和病虫害防治：蓝花鼠尾草生性强健，抗病虫能力强。每月略施小肥1次。放在通风、向阳处，一般不生病虫害。如有虫子光临这片风水宝地儿，参照《植物养护一点通——家用简易防虫法》就OK了。另外，每月喷洒多菌灵，也能防患于未然。

翻盆换土，在每年的春天进行。

蓝花鼠尾草的话

给你一双翅膀，你能翻越高山；
给你一双木桨，你能划过大江；
给你一丛蓝花鼠尾草，你能在无边无际的梦里徜徉。
亲爱的，在没有翅膀和木桨的现实面前，一丛小小的蓝花鼠尾草伫立在阳台，引领你走进一个神秘、绚烂的蓝色国度，让疲惫的心尽情地游弋、飞翔。

『唇形科』

一串红

别名墙下红、爆仗红、鼠尾草、串串红
学名（拉丁名）*Salvia splendens*

【简介】一串红是唇形科鼠尾草属的多年生草本植物，常作一、二年生栽培。
【原产】南美。
【特征】茎四棱，基部木质化。叶片卵圆形或三角状卵圆形，叶对生、有柄，缘有齿。总状花序顶生，花序修长，颜色鲜红。
【花期】5~10月。
【习性】喜光。为阳性植物。耐半阴。不耐寒，忌霜雪，忌积水和碱性土壤。

plant tips
园艺师的小叮嘱

一串红一般采用播种法和扦插法繁殖。

播种法：在3月进行。室内盆播，覆土以不见种子为好，但一定不要覆土过多。一次浇透水，在盆口盖上玻璃或塑料薄膜，以便保湿、保温。约10天发芽。种子发芽后，去掉上面的覆盖物，并及时用喷壶喷水。当小苗长出2~4对小叶时，放在事先备好基肥的盆里养护。

扦插法：在6~7月进行，选上年或当年的健壮枝条，摘除基部1~2对叶子，顶端叶片剪去1/2叶面，插入到消毒过的河沙土（如无特别说明，本书的河沙土均指消毒过的）中，一次浇透水，注意蔽阴，约20天生根。生根后分盆另植即可，约2个月开花。

一串红浇水不宜过多，以勤浇少量为佳。夏季浇水应当及时，但勿在中午浇水，否则容易烂根。平时，注意打顶和修剪弱枝，在花期前30天停止打顶。

施肥和病虫害防治：每月追肥1次，花期不再追肥。偶尔会生蚜虫，用蒜汁对付就行。它最受不了蒜味儿。如有其他虫子光临这片风水宝地儿，参照《植物养护一点通——家用简易防虫法》就OK了。另外，每月喷洒多菌灵，也能防患于未然。

翻盆换土，在每年春天进行。

一串红的话

一岁时，你刚刚学步，不厌其烦地用赤裸的双脚丈量这片温暖的土地。沿途的一切，使你欣喜若狂。你对阳光、树枝、青草、小鸟、蓝天、白云……无不充满好奇。

你蹒跚着告别了儿时的摇篮，告别了温馨的家院，告别了牙牙学语的图画书，开始了雁雁成行的浪漫旅行。

那时，你是单纯的、好奇的、热烈的、欢快的。亲爱的，回归童年，放逐自己远行吧。

『豆科』

含羞草

含羞草，别名知羞草、怕羞草、感应草
学名（拉丁名）*Mimosa pudica*

【简介】含羞草是豆科含羞草属的多年生草本或半灌木植物。
【原产】热带美洲。
【特征】茎上生有倒钩刺和粉红色倒刺状的“汗毛”。2回羽状复叶，2～4羽片掌状排列在一枝长长的总叶柄上，每羽的小叶子并排坐成一对。小叶条状，长圆形，托叶披针形，总柄及叶轴疏生刺毛；每当某一枚叶片受到触动，小叶迅速闭合，乃至羽上的复叶集体闭合，下垂做隐蔽状。头状花序，腋生，淡红色，有长柄。
【花期】7～9月。
【习性】适应性强。喜温暖、湿润环境。耐旱。为阳性植物。

plant tips
园艺师的小叮嘱

含羞草一般采用播种法繁殖，在3～4月进行。

播种法：将种子在温水里浸泡1天，播在沙土里，浇水，约10天出苗。当苗长到5 cm高时，移栽上盆。移栽前，先一次浇透水，随即带土起苗。上盆后，再浇水定根。

每2～3天浇水，用喷壶喷洒，水量宜少不宜多。花期过后，开始结果。荚果成熟时，会自动开裂，注意稍稍提前采摘，以待来年播种。

含羞草无需特别养护，对土壤也没要求，生长比较缓慢。

施肥和病虫害防治：当苗长到15 cm高时，可以施少许肥料；当长到25 cm高时，可以再施少许肥料。以后，不必追肥。放在通风、见光处，基本上没什么病虫害。

含羞草在华北地区多做一年生栽培，不必翻盆换土了。

含羞草的话

不是所有的话，都能讲出口的。因此，人们发明了文字。文字起到帮人说话的功能。含羞草深深知道这些，除文字外，肢体动作也是一种语言。

你说：“你喜欢我吗？”

含羞草的心红了。叶片轻微颤抖。

你拍了拍它，说：“喂，你喜欢我吗？”

含羞草迅速掩上颤抖的叶片，捂住慌乱的眼睛。

你弹了弹叶柄，穷追不舍地说：“哎，我问你话呢，你到底喜欢我不？”

这下好了，它不仅把眼睛捂得密不透风，连胳膊都支撑不住，瞬间倾斜了。

含羞草有一颗细腻而敏感的心，它不会讲话，除了肢体语言外，它能回答你什么呢。每每听到你的问话，它的心一次次绯红。等心红透了的时候，深藏在心底的话儿，喷出一朵粉红的小花。难道你还不明白吗？

『豆科』
紫 藤

紫藤，又名朱藤、藤萝
学名（拉丁名）*Wisteria sinensis*

【简介】紫藤是豆科紫藤属落叶大藤本植物。
【原产】中国。
【特征】枝干粗壮虬曲，若有依附物则逆时针方向缠绕上升可达10 m之上，无依附物时，则匍匐地面或成灌木状生长。干皮灰褐色，平滑，老后显粗糙；小枝被灰白色柔毛。奇数羽状复叶，小叶7～13枚。总状花序生侧芽顶端，形成短枝，花序下垂，先叶或同叶开放。花色是蓝紫色，具芳香。
【花期】4～5月。
【习性】喜光。耐半阴。耐干旱。喜肥沃土壤，也耐贫瘠。忌水湿。生长迅速，寿命长达500年，适应能力强。因其枝蔓缠绕性强，一般树木遭到缠绕，常被绞杀致死。故设棚架坚固。为阳性植物。

plant tips
园艺师的小叮嘱

紫藤一般采用播种法和扦插法繁殖。

播种法：在3～4月进行。用60℃温水浸种1～2天，当种子吸水膨胀后，点播土中，一次浇透水，保持土壤湿润。约10天发芽。

扦插法：秋季落叶后，剪取当年生的枝条，10～12 cm长，插入备好的营养盆土中，一次浇透水，保持土壤湿润而又不能过湿，霜冻前注意防寒。每7～10天浇水1次，翌年4月抽芽。

紫藤管理极为粗放，成活后，即使无人工护理，也能长势良好，并且花朵繁茂。对于盆栽紫藤，应当注意修剪和打顶，勿使生长过大。整枝可以采用多分枝的灌木状或悬崖式。每年新枝长出14～17cm长，打顶1次；花后还可以重剪一次。

施肥和病虫害防治：施足基肥后，一般不需要追肥。放在通风、向阳处，很少生病虫害。偶尔生蚜虫，用烟灰或蒜汁应付就可以了，尤其是蒜汁，蚜虫最受不了这个味儿，从此不再光临这片风水宝地儿。

生长太强健了，无需翻盆换土。

紫藤的话

最近，你每天凝望天空，没有谁知道你在想什么。
紫藤很卖力地往上攀爬，它要把你想要的东西摘下来。
“是这个吗？”紫藤递给你一串紫色花。
“不是。”你摇头说。
“喏，是这个吗？”紫藤递过来一串鲜嫩的紫色花。
你又摇摇头。
“那么，是这个喽？”紫藤爬上高高的木架，从空中摘下一大串鲜亮的紫色花。
你摇了摇头，继续凝望天空。
“哦，我知道了，你想要天上的云朵，对不对？好，你等着。”紫藤说着，向更高更远处攀爬。

『杜鹃花科』

杜 鹃

杜鹃，又名山石榴、山踯躅、映山红、照山红
学名（拉丁名）*Rhododendron simsii*

【简介】杜鹃是杜鹃花科杜鹃属的常绿或半常绿灌木植物。
【原产】中国。
【特征】枝细而丛生，密被明亮的棕褐色毛。叶互生，革质，常集生枝端，长椭圆状卵形，或倒卵形至倒披针形，春叶较短，夏叶较长，先端渐尖，边缘微反卷，具细齿，上面深绿色，下面色浅，密被褐色毛。花冠阔漏斗形，花色丰富。
【花期】4～6月。
【习性】喜温暖、湿润环境。喜酸性土壤。为半阴性植物。耐寒。耐半阴。耐贫瘠。忌夏季烈日直射。怕积水。安全越冬不低于5℃。

plant tips
园艺师的小叮嘱

杜鹃一般采用扦插法繁殖。

扦插法：在6月进行，选当年生的半成熟枝条，约10 cm长，摘除下端的叶片，留上端2～3片叶，并把保留的每片叶子剪去一半。之后，插入河沙土中，约1/2深。一次浇透水，放置阴凉处，约1个月生根。生根后，放在提前准备好的酸性培养土里。

杜鹃喜湿润，但是怕积水。春、秋季，盆土略干时，每2～3天浇水1次。夏季气温高，每天浇水1次，并向叶面和枝条喷水，保持空气湿度；为避免烈日直射，应安放在通风、凉爽处。冬季，控制浇水量和浇水次数，每5～7天浇水1次。

花期过后，注意修剪残花、枯枝。

施肥和病虫害防治：在2～4月，每半月施肥1次。每次施肥过后，次日要浇1次清水，并及时松土，以利通气。花芽分化期，施1次速效性磷钾肥。夏季高温阶段，进入半休眠，停止施肥。秋、冬季不再追肥。在11月至翌年2月，每月喷洒多菌灵，提前预防病虫害。如果室内通风不畅，偶有虫子前来光顾，采用手工捉虫法清除，或者参照《植物养护一点通——家用简易防虫法》就OK了。

翻盆换土，在每2～3年的春天进行。

杜鹃的话

古往今来，借他人而流芳百世的大有人在。

比如孟妈妈，如果不是孟子学有所成，即使孟妈妈一日三迁，又有谁念诵呢。后人也不会在《三字经》里写上这几句——昔孟母，择邻处；子不学，断机杼。

人与人如此，物与人亦如此。杜鹃之所以被称为花中西施，是借了白居易的“细看”而留下美名。白居易诗中说“闲折两枝持在手，细看不似人间有。花中此物似西施，芙蓉芍药皆嫫母。”

好一个“细看不似人间有”！多情的白居易造就了多情的杜鹃花。

因为懂得，所以绽放！这是杜鹃骄傲的原因。

『夹竹桃科』

长春花

长春花，又叫五瓣莲、日日草
学名（拉丁名）*Catharanthus roseus*

【简介】长春花是夹竹桃科长春花属的多年生直立的亚灌木植物。
【原产】马达加斯加、印度。
【特征】植株矮小，高20～50 cm。枝条绿色或红褐色。叶对生，长椭圆形或倒卵形，先端钝形或圆形。花单生或数朵腋生，花冠5裂。花有深桃红、桃红、白、白花红心等色，花朵中心有深色洞眼。
【花期】4～10月。
【习性】喜光。为阳性植物。耐旱。耐半阴。不耐寒，安全越冬不低于5℃。自生力很强，成熟种子落地，也能萌发幼苗，成长开花。

plant tips
园艺师的小叮嘱

长春花一般采用播种法和扦插法繁殖。

播种法：在4月进行。阳台上盆播，盖上玻璃，夜间移入室内。清明后谷雨前可以不盖玻璃，也可以在露台上过夜。7～10天发芽，等小苗长出5～6片真叶时，上盆另植。上盆前带土移植。

扦插法：在夏或秋季进行。生根适宜温度为20～25℃。剪取顶上健壮的枝条5～8 cm，插入河沙土里，一次浇透水。也可先将枝条泡在水里，等泡出根后，再移植盆土中，这种方法叫水扦插法。

长春花怕涝，浇水不宜过多。尤其是室内过冬，应严格控制浇水，以干燥为好，否则容易受冻。

施肥和病虫害防治：施足基肥后，不必追肥。长春花本身具有毒性，若放在通风、向阳处，几乎不生病虫害。每月喷洒多菌灵，提前预防更好。如果有虫子前来光顾，建议采用手工捉虫法清除，或者参照《植物养护一点通——家用简易防虫法》就OK了。

翻盆换土，在每2～3年的春天进行。

长春花的话

夹竹桃科的植物大多有毒，比如长春花就有长春碱。专门从事“植检”工作的人给出这样的定义。但长春碱是什么，这个问题比较抽象了。

如果你非得折断它的茎叶不可，那么，你会看到从伤口处流出白色液汁。这种类似母乳的白色液体是有剧毒的，是不可以当成酸奶误食的。长春花在公共场所很常见。室内盆栽时，应提前告知小朋友。告诉他（她）的时候，请您选用“哲学”语言。不要因为长春花有毒，就对它恶语相向。

世上没有十全十美的人，也没有十全十美的植物。好端端的，为什么偏偏要折断我呢？长春花低声儿说，随后，它昂起头，送你一个慷慨的笑脸。

『夹竹桃科』

夹竹桃

夹竹桃，又名柳叶桃
学名（拉丁名）*Nerium indicum*

【简介】夹竹桃是夹竹桃科夹竹桃属的常绿灌木植物。
【原产】伊朗、印度、尼泊尔。
【特征】多分枝。叶革质，3～4枚轮生，即车轮似的围着茎干生长，叶子狭窄、细长，披针形。聚伞花序顶生，花有白色、玫瑰红色或橙红色；裂片5，有微香。
【花期】5～10月。
【习性】喜光。喜温暖、湿润环境。为阳性植物。耐旱。生命力强。安全越冬不低于5℃。

plant tips
园艺师的小叮嘱

夹竹桃一般采用水扦插法和空中压条法繁殖。

水扦插法：剪30～40 cm长的枝条，去掉下端的叶片，并用小刀劈开4～6 cm，插入盛水的玻璃杯中，春或秋季的温度适宜，泡1个月，可生新根，移入盆中另植。气温偏高时，水容易变质，应每隔2天换1次清水。

空中压条法：在三年生的大株上选径粗1～2 cm的一年生的健壮枝条，从距离顶梢 33 cm处，摘去叶子，拧伤表皮后折成“8”字形；压入另外的盆土中，约20 cm深，覆土压实或用砖块压紧，防止浇水后反弹。当天浇水1次。相隔3～5天后，再浇水1次。往后见干则浇水。2个月生根后，切离大株，分盆另植。

春、秋季，浇水掌握“见干见湿”原则，不宜勤浇；夏季是生长旺季，也是繁花盛开的季节，应每天浇水1次。10月花谢后，要控制浇水量。冬季，半月浇水1次。

每次花开过后，将残花连同枝条剪去一段，便于重生新枝，再次开花。老的枝干应截短，保留10 cm长，促使老枝更新。整形时主干上只留3个主枝，每主枝留3个侧枝，以待开花。如果修剪得当，全年可见花。

施肥和病虫害防治：开花前，每半月施1次肥。花谢后，再施1次肥。平时放在通风、向阳处，并及时清理落叶，不易生虫。

翻盆换土，在每2～3年的春天进行。

夹竹桃的话

路见不平，拔刀相助。当你目睹这种场面时，对“路见不平，拔刀相助”的人心生敬意。

在植物界，夹竹桃就是这样一位正人君子。每当虫子们欺负别的花花草草时，它都挺身而出。它的正义之气，使得虫子们逃之夭夭。虫子们狂骂它是毒物排放器。夹竹桃一笑置之。朋友们知道，夹竹桃释放的是氧气，只要不咬它，它从不毒害任何人。

凡正义所在的地儿，邪恶就少。

有我在，你莫怕。这是夹竹桃每天叮嘱你的。

『堇菜科』

三色堇

三色堇，别名蝴蝶花、鬼脸花、猫儿脸
学名（拉丁名）*Viola tricolor*

【简介】三色堇是堇菜科堇菜属的多年生草本植物，常作二年生栽培。
【原产】欧洲。
【特征】全株光滑。叶互生，基生叶较茎生叶圆，有钝锯齿，托叶大。花大腋生，两侧对称。每花有紫、蓝、黄、白、古铜等3色或单色。
【花期】由冬至翌年春天，及4～6月。
【习性】喜光。耐寒。耐半阴。喜凉爽至温暖环境，不耐高温，夏季生长转弱。

plant tips
园艺师的小叮嘱

三色堇一般采用播种法和扦插法繁殖。

播种法：在9月初盆播，发芽适宜温度为15～20℃。约10天出苗。等苗长出5～6片叶子时移栽。到苗长出分枝后，带土起苗，进行上盆定植。

扦插法：在初夏进行，剪取10～12 cm长的嫩枝作插条，那些开花的枝条及老枝不宜作插条，剪取后，插入到河沙土中。放置散光处，等待扎了根，再分盆另植。

施肥和病虫害防治：生长期每月施1～2次肥。冬季停止。注意通风、换气，很少生病虫害。如偶生蚜虫，用烟灰或蒜汁应付就可以了，尤其是蒜汁，蚜虫最受不了这个味儿，从此不再光临这片风水宝地儿。

一、二年生草本植物，无需翻盆换土了。

三色堇的话

爱玩儿，是儿童的天性，也是三色堇的天性。它比别的植物更淘，从来没有消停过。即使把它捆在什么东西上，它仍然会翻出新的花样来。

脚被捆住了，腿还能动，腿可以弯曲成小动物；腿被捆住了，手还能动，手可以借助光线玩手影；手被捆住了，还有胳膊和双肩，可以造化各种各样的塑像；胳膊和双肩被捆住了，还有头和脖子，可以制作木偶连续剧；头和脖子被捆住了，还有大脑。

对，你的大脑没有任何东西可以捆住。这就是三色堇告诉你的。

『锦葵科』

扶 桑

扶桑，又名朱槿、佛桑
学名（拉丁名）*Hibiscus rosa-sinensis*

【简介】扶桑是锦葵科木槿属的常绿灌木植物。
【原产】中国。
【特征】茎直立，多分枝。叶互生，广卵形或狭卵形。花大，单生叶腋。
【花期】以夏、秋季为盛，有些品种可以常年开花。
【习性】喜光。喜温暖、湿润环境。为强阳性植物。气温在30℃以上时开花繁茂，在2～5℃低温时出现落叶现象。北方盆栽，安全越冬不低于5℃。

plant tips
园艺师的小叮嘱

扶桑一般采用扦插法和空中压条法繁殖。

扦插法：结合修剪，在春季进行。选取一年生的半木质化的枝条，10～12 cm长，两头斜剪。切口在芽基部，去掉下面的叶子，留上端2片叶子，并且上端的叶子可适当剪去1/2，插入沙质土壤中，约1/3深。一次浇透水，置荫处养护，每天喷水1次，15天后逐渐使其见光。

空中压条法：在6月进行，选取一年生的粗壮枝条，在枝条一侧，自下向上刻伤1～2 cm的切口，为防止合拢，切口中间夹一小细棍或石子。使切口面向下方，埋入盆土中压实或用砖块压紧。每天浇水1次，保持湿度。9月生根后，与大株分离，成为新株。

春、秋季，每天浇水1次；夏季，每天上、下午各浇水1次；冬季，每7天浇水1次。

施肥和病虫害防治：扶桑喜肥。春末，进入生长旺季，每半月施肥1次。从10月开始停止施肥。放在通风、见光处，室内不要过湿，一般不生病虫害。若生了虫，建议采用手工捉虫法清除，或者参照《植物养护一点通——家用简易防虫法》就OK了。

翻盆换土，在每1～2年的春天进行。

扶桑的话

你知道怎样才能见到太阳洗澡吗？钻进扶桑。对，在那里，扶桑花甚至已经不是红色，红色成了回忆。

天上有十个太阳，地上有一个温泉。温泉边上有一棵树，这就是扶桑。扶桑看着太阳们嬉戏、玩耍，有时，它们的眼睛蒙上黑布，在树上捉迷藏。扶桑可开心了。可是，自从后羿来了，事情全变了。他射死了九个太阳，另外那个也不敢来洗澡了。从此，再没有人钻进扶桑里捉迷藏。

想你想到滴血的地步。无论多么炎热的天，扶桑都要对太阳说。

『锦葵科』

木芙蓉

木芙蓉，又名芙蓉花、拒霜花
学名（拉丁名）*Hibiscus mutabilis*

【简介】木芙蓉是锦葵科木槿属的常绿灌木植物。
【原产】中国。
【特征】枝干密被星状毛。单叶互生，掌状，3～5裂，裂片三角形，基部心形，边缘具钝锯齿；叶子两面均有黄褐色星状毛。花生于叶腋或枝顶，花色一天多变，清晨是白色，后为粉红色，黄昏变成深红色。有单瓣或重瓣及纯白、红色等品种。
【花期】8～10月。
【习性】喜光。喜温暖、湿润环境。为阳性植物。略耐阴。忌干旱，耐水湿。对土壤要求不高，瘠薄土地亦可生长。北方盆栽，安全越冬不低于5℃。

plant tips
园艺师的小叮嘱

木芙蓉一般采用分株法和扦插法繁殖。

分株法：在2～3月进行，分株前，先将丛生的大株保留地面之上的25 cm高度，将其余部分进行短截。然后从根部挖出，分出一丛，另外盆栽。养护好的，当年即可开花。

扦插法：在10月花谢之后进行，选取当年生的健壮枝条，剪15～20 cm长的一段，捆扎停当，等冬季进行沙藏，最上面覆盖10 cm干净的湿沙，用以保湿。来年2月，将藏在沙中的枝条取出，插入事先备好的营养土盆里，成为新株。

木芙蓉管理粗放，春、秋季，每3天浇水1次；夏季，每天浇水1次；冬季，每5～7天浇水1次。

施肥和病虫害防治：生长旺季，每月施肥1次。冬季停止施肥。木芙蓉生长极为强健，病虫害极少。放在通风、向阳处，一般不生病虫害。

翻盆换土，每2～3年的春天进行。

木芙蓉的话

秋天的早上，你梦中初醒，看见一朵洁白的花儿爬上窗，悄悄地探过头。新的一天，在它的“清新一笑”中掀开了。

当太阳散步的时候，木芙蓉忙着做自己的事。它把上半天的工作做完。中午，你回来了。你找“清新一笑”的木芙蓉花，怎么也找不到了。取而代之的是粉白中透着红霞的花儿，站在你前面“嫣然一笑”。你的心怦然一动，这是一份意外的喜悦。

黄昏，你拖着一身疲惫回家，长长地松一口气，顺便瞥了一眼，却找不到“嫣然一笑”的它，木芙蓉花已将“粉白”两色皆退尽，淋漓“赤颜”地冲你“倾城一笑”。你不禁大为震撼。

这时，木芙蓉说，每一个清晨都是洁白的，这一天需要你填写。

『锦葵科』

木槿

木槿，别名篱障花、朝开暮落花
学名（拉丁名）*Hibiscus syriacus*

【简介】木槿是锦葵科木槿属的落叶灌木或小乔木。
【原产】中国、印度、叙利亚。
【特征】分枝多。小枝灰褐色，幼时密被绒毛。叶互生，常3裂。花单生于叶腋，钟形，花形有单瓣、重瓣，花色有浅紫、粉红或白色。每花开放约二日。
【花期】5～10月。
【习性】喜光。为阳性植物。喜水湿，亦耐干旱。耐贫瘠。耐寒。萌芽力强，耐修剪。抗烟尘和有害气体能力强。

plant tips
园艺师的小叮嘱

木槿一般采用播种法和扦插法繁殖。

播种法：适合单瓣品种。种子干藏后，春天播种。播前温水浸泡1小时，在24～27℃条件下15～30天出芽。注意浇水。当苗长到15 cm时，上盆定植。

扦插法：在春季发芽前，用上年的生枝条剪成约15 cm长的插条，插入河沙土中，入土为1/3。浇水。

木槿管理极为粗放，春、秋季，每3天浇水1次；夏季，每天浇水1次；冬季，每5～7天浇水1次。每年落叶后发芽前，进行一次整形修剪，使之更为美观。

施肥和病虫害防治：生长旺季，每月施肥1次。冬季停止施肥。木槿的病虫害少见。放在通风、向阳处即可。偶有天牛、卷叶螟等虫子光临这片风水宝地儿，建议采用手工捉虫法清除，或者参照《植物养护一点通——家用简易防虫法》就OK了。

翻盆换土，在每2～3年的春天进行。

木槿的话

和风习习的春天恋恋不舍地走下舞台，烈日炎炎的夏天就风风火火地赶来了。女士们举起遮阳伞，男士们带上棒球帽，唯有你让自己这颗珍贵的头裸露在骄阳下。

木槿看着心疼，为你连夜编织了一顶帽子，紫红色的，相当于清朝一品官员的顶戴花翎，只不过略略改装了一下，它把帽子最高处的顶珠摘掉，安在帽子里面，而且把帽子外面用孔雀羽毛做的花翎拔掉，换上崭新的绿叶。

有了这顶帽子，你同样拥有了富贵。木槿说。

『金缕梅科』

红花檵（jì）木

红花檵木，别名红桎木、红檵花
学名（拉丁名）*Lorpetalum chinense var. rubrum*

【简介】红花檵木是金缕梅科檵木属的落叶或半常绿灌木或小乔木。
【原产】中国。
【特征】干灰色。多分枝，嫩枝淡红色。叶小，互生，越冬老叶暗红色；革质，卵形，全缘。两面均有星状毛。花顶生，头状簇生花序，花瓣4，淡紫红色，线形。先花后叶或花叶同放。
【花期】4~5月。
【习性】喜光。耐阴。耐旱。耐寒。萌芽力强，耐修剪。耐瘠薄。

plant tips
园艺师的小叮嘱

红花檵木一般采用扦插法繁殖。

扦插法：在5~6月进行。剪取当年生枝条约10cm长，插入到河沙土中，深度为1/3~1/2，之后搭棚庇荫，勤浇水，保持一定湿度。30~40天生根。

新株长成后，春、秋季，每2~3天浇水1次；夏季，每天浇水1次；冬季，每3~4天浇水1次。

施肥和病虫害防治：施足基肥后，不再追肥。放在通风、向阳处，一般不生病虫害。如有虫子光临这片风水宝地儿，参照《植物养护一点通——家用简易防虫法》就OK了。另外，每月喷洒多菌灵，也能防患于未然。

翻盆换土，在每2~3年的春天进行。

红花檵木的话

喜欢阳光，是很多物种的癖好。

一天，你和红花檵木共享一轮太阳。你张开双手，微醉在阳光里。阳光从你的指缝间鱼贯而过，喷洒着甜甜的气味儿……忽然，你指缝间的鱼一下子少了许多。你睁眼一看，惊呆了。红花檵木不知何时松开了紧握的小拳头，张开一条条细长的手指。天！多得要命的手指！阳光如鱼，一群群从它多得要命的指缝间穿过。

学好数学是不会错的，这才叫“共享”。红花檵木很认真地说。

『菊科』

百日草

百日草，又名百日菊、步步登高、节节高、对叶梅
学名（拉丁名）*Zinnia elegans*

【简介】百日草是菊科百日草属的一年生草本植物。
【原产】墨西哥。
【特征】茎直立，全株具毛。叶对生，无柄，卵形或长椭圆形，基部抱茎。头状花序，顶生；舌状花扁平、反卷或扭曲，常多轮呈重瓣状。
【花期】6～10月。
【习性】喜光。喜温暖环境。为阳性植物。耐干旱。忌酷暑。

plant tips
园艺师的小叮嘱

百日草一般采用播种法和扦插法繁殖。

播种法：在4月进行，将种子直接播种到疏松、肥沃而排水良好的沙质壤土中。一次浇透水。种子在黑暗条件下发芽，要用沙土覆盖。发芽适宜温度为20～25℃。约10天萌芽，幼苗长出后，放在通风、向阳处养护。

扦插法：在6～7月进行，剪下健壮枝条5～8cm长，插入河沙土中，一次浇透水。

百日草耐干旱，平时浇水不宜过多。夏季温度高，可以勤浇水。开花前要摘心2次，促使多分枝，多开花，提高观赏价值。

施肥和病虫害防治：幼苗时不施肥。长成后，开花前，可施肥1～2次。每月喷洒多菌灵，提前预防病虫害。若生了虫，参照《植物养护一点通——家用简易防虫法》就OK了。

一年生草本植物，无需翻盆换土了。

百日草的话

在别人的眼睛里，你是普通的；
在我的眼睛里，你是灿烂的。
在别人的眼睛里，我是普通的；
在你的眼睛里，我是灿烂的。
当你惊诧于百日草的热情和奔放时，百日草如是说。

『菊科』

大丽花

大丽花，又叫大理花、大丽菊
学名（拉丁名）*Dahlia pinnata*

【简介】大丽花是菊科大丽花属的多年生草本植物。
【原产】墨西哥。
【特征】肉质块根。茎直立，绿色或紫褐色，平滑，有分枝，节间中空。叶对生，1～3回羽状深裂，裂片卵形，极少为不裂的单叶，锯齿粗钝，总柄微带翅状。头状花序顶生，具长总梗。舌状花，有白、黄、橙、红、紫等色。
【花期】6～10月。
【习性】喜光。喜温暖、向阳及通风良好的环境。为阳性植物。不耐寒，又畏酷暑，生长适宜温度为10～25℃。安全越冬不低于5℃。

plant tips
园艺师的小叮嘱

大丽花一般采用分根法和扦插法繁殖。

分根法：在3～4月进行，将大株的根丛从根颈处切开，使每块根上必须带有部分根颈，否则不能萌发新株。切口平滑，用草木灰涂抹，之后栽于深盆内。

扦插法：在4～5月进行，选取从根颈部萌生的脚芽，当长至6～10 cm时，将顶端4～5 cm剪下作插条，插条的大叶剪除1/2，插入河沙土中，浇少量水，约10天生根后，分盆另植。

新株长成后，浇水掌握“见干见湿”的原则，花谢后，应少浇水。低温和水分过多时，容易出现烂根现象。春、夏、秋三季均放在通风、向阳处，冬季搬入室内养护。

施肥和病虫害防治：施足基肥后，苗期控制施肥，现蕾时可以追肥1次。偶尔有虫子光临这片风水宝地儿，建议采用手工捉虫法清除，或者参照《植物养护一点通——家用简易防虫法》就OK了。另外，每月喷洒多菌灵，也能防患于未然。

翻盆换土，在每年的春天进行。

大丽花的话

一切养育，视为父母。大丽花说，哪怕你奉献的是一滴水珠。

大丽花在你精心照料下茁壮成长。每一滴水珠的到来，它都要万分感谢。每一次见你，它都要深情地鞠躬，感念你的养育之恩。

直到有一天，大丽花出落成一位端庄的小姑娘，提着一盏小花灯站在你身旁。无论天有多暗，无论夜有多深，它总是款款地跟着你，提一盏小花灯，照亮前方的路。

『菊科』

瓜叶菊

瓜叶菊，又名千叶莲、千日莲、瓜叶莲
学名（拉丁名）*Cineraria cruenta*

【简介】瓜叶菊是菊科千里光属的多年生草本植物，常作一、二年生栽培。
【原产】大西洋加那利群岛。
【特征】全株被绒毛。茎直立。叶互生，具柄，叶面浓绿，叶背有白毛；叶大，心状卵圆形或心状三角形。头状花序多数，排列成伞房状。
【花期】11月至翌年5月。
【习性】喜光。喜温暖、湿润和通风、凉爽的环境。为阳性植物。不耐高温，不耐严寒。生长适宜温度10～15℃。

plant tips
园艺师的小叮嘱

瓜叶菊一般采用扦插法和分株法繁殖。

扦插法：在1～6月进行，剪断根部的萌芽或花后的腋芽作枝条，插入河沙土中。约30天生根，养护半年，可见花开。

分株法：翻盆换土时，将整株从盆内托出，磕掉老土，从根部将萌芽和大株切开，注意少伤根、少伤茎，然后分栽上盆。

瓜叶菊既怕涝，又怕旱，所以浇水要适量。夏季，放半阴处，每天向叶面喷水1次。9月底，放在向阳处，控制浇水量，做到不干不浇。当吐出花序时，逐渐增加浇水量，每3天浇水1次，每次浇透水，并每天向叶面喷水1次。

瓜叶菊趋光性较强，如果长期固定位置，使一面向阳，株形就容易长偏，影响美观。因此，每周转盆1次，让它轮流面朝阳光，使整株生长匀称。如果基部的叶腋萌发小芽，应随时除去，保留上部的腋芽，可以多开花。

施肥和病虫害防治：每半月施肥1次，直到现蕾为止。每月喷洒多菌灵，提前预防病虫害。如果养护不当，比如浇水过多，盆土湿度太大，氮肥过量，通风不畅等等，都容易生白粉病，叶面受害最严重。这时，应当及时摘除叶子，避免浸染整株。

翻盆换土，在每年的秋天进行。

瓜叶菊的话

生活，不是一帆风顺的。无论活的是人还是植物。瓜叶菊懂得这一点，它是所有植物中最耐倾听，也最能安抚人的。它常说，你的心情我理解。

有一天，你遇到不顺心的事儿。瓜叶菊说，你的心情我理解。于是，你把心中积郁告诉了它。

你说，地球是方的。瓜叶菊说，对，谁说地球是圆的谁是小狗。你说，小狗长了四只眼儿，两只长在前面，另外两只长在后面。瓜叶菊说，对，谁说小狗只有两只眼儿谁是小猪。你说，小猪有一对红色的翅膀，飞起来赛过民航飞机。瓜叶菊说，对，谁说小猪不会飞谁是小山羊……

你笑了。瓜叶菊开花了。

『菊科』

金盏花

金盏花，又名金盏菊、黄金盏、长生菊、醒酒花
学名（拉丁名）*Calendula officinalis*

【简介】金盏花是菊科金盏花属的一、二年生草本植物。
【原产】地中海至伊朗。
【特征】全株被毛。叶互生，叶长圆倒卵形，基部抱茎。头状花序，单生，总梗粗壮。舌状花，有乳黄、橘红、金黄、橙红、白等色。
【花期】2～6月。
【习性】喜光。喜凉爽、湿润环境。耐寒。冬季可耐－9℃的低温。适应性强。耐贫瘠。怕热。对土壤要求不严，偶有自播繁衍能力。

plant tips
园艺师的小叮嘱

金盏花主要采用播种法繁殖。

播种法：在8～9月进行，将种子播在盆内，覆土以埋没种子为度。土壤保持湿润，无需特别管理。发芽适宜温度在20～23℃，5～6天出苗后气温降至14～16℃。华北地区，大都在9月播种，每7天浇水1次。11月施少许复合肥，12月底可以开花。

早春在室内播种，5～6月可开花。无论秋播还是春播，常常保持盆土湿润，置于阳光充足处养护。

施肥和病虫害防治：除了在开花前期，施1～2次肥外，无需另外追肥。每月喷洒多菌灵，提前预防病虫害。如果有虫子执意光临这片风水宝地儿，建议采用手工捉虫法清除，或者参照《植物养护一点通——家用简易防虫法》就OK了。

一、二年生的草本植物，无需翻盆换土了。

金盏花的话

在很远很远的地方，有一个天国，天国到处是美丽的鲜花和可爱的天使。

有一天，国王听说人间饱受疾苦，问谁愿意到人间，替人们分忧解难。一位天使自告奋勇报了名。国王说，你是天使，你的翅膀要留在天国。天使毫不犹豫地割断翅膀。在天使降生为人的过程中，天使的翅膀被忙碌的花神踩碎了，随后掉落人间，变成了金盏花。

亲爱的，你身后还有我，你永远不孤独。金盏花如是说。

『菊科』

孔雀草

孔雀草，别名红黄草、小万寿菊
学名（拉丁名）*Tagetes patula*

【简介】孔雀草是菊科万寿菊属的一年生草本植物。
【原产】墨西哥。
【特征】株高30～50 cm。茎带紫色，直立丛生状。叶对生，羽状复叶，小叶披针形；叶缘有明显油腺点。花梗自叶腋抽出，头状花序顶生，单瓣或重瓣；花外轮为暗红色，内部黄色，故名红黄草。因杂交培育了黄色、橘黄色、红褐色、黄褐色、紫红色斑等色。
【花期】5～11月。
【习性】喜光。为阳性植物。耐瘠薄土壤，耐移栽，病虫害少。根部的分泌物能杀死土壤中的线虫。偶能自播繁衍。

plant tips
园艺师的小叮嘱

孔雀草一般采用播种法和扦插法繁殖。

播种法：北方在春季进行，南方一年四季均可。

采摘在9月以后开花的果实，风干留种。选择箱、盆等容器育苗，将种子播在土表，上面覆盖报纸或纸巾，使之与土壤紧密接触。并且，给种子创造松软、透气性良好的发芽环境。经常用喷壶浇水，不能让表土干燥。待种子出苗后，揭去覆盖物。当苗高5 cm时移出，另外盆栽。

扦插法：在5～8月进行。剪取约10 cm长的枝条，摘除基部1～2片叶，留顶端1对叶，并剪去1/3的叶面。约10天生根。也可以将剪取后的枝条，直接插入河沙土中，插后注意蔽阴、浇水。

新株长成后，每2天浇水1次，据天气情况而定。天气干旱时，多浇水，湿度大的雨天，应少浇水或不浇水。开花之前，注意打顶，以增加分枝，呈现多花盛开的局面。

施肥和病虫害防治：孔雀草管理粗放，生长期不必施肥。放在通风、向阳处，一般不生病虫害。每月喷洒多菌灵，提前预防也是很有必要的。

一年生的草本植物，不存在翻盆换土了。

孔雀草的话

如果胎记印在脖颈上，你会怎样？懊恼？自卑？一天到晚想着怎么剔除它？

孔雀草的胎记偏偏长在细细的脖颈上，在外人看来，它与整体的肤色那么不谐和。但孔雀草不以为然，胎印是花神赐予的记号，说明花神创造它时，特别用了心。

爱，是用心创造的。孔雀草说。

『桔梗科』

半边莲

半边莲，又名六倍利、翠蝶花
学名（拉丁名）*Lobelia erinus*

【简介】半边莲是桔梗科半边莲属的多年生草本植物，常作一、二年生栽培。
【原产】南非。
【特征】茎枝细密。全株光滑无毛，呈平卧。叶片狭窄披针形或线形，花冠5裂，下面3裂片较大，如莲花瓣，故名半边莲。花有红、桃红、紫、紫蓝、白等色。
【花期】5~8月。
【习性】喜半阴，耐寒力差。忌干燥，忌酷热。

plant tips
园艺师的小叮嘱

半边莲一般采用播种法繁殖。

播种法：适宜在22℃左右的温度下播种。种子细小，盆播时混入一些细沙，不用另外覆土，然后用喷壶浇水，水量不用过大，防止种子流散。约20天发芽。植株生长缓慢。植株根系比较弱小，应及时给水补充，尤其是高温时，蒸发比较快，很容易脱水。

新株长成后，春、夏季，每天浇水1次；秋、冬季，等盆土干燥时再浇。半边莲需要在长日照、低温下才会开花。

施肥和病虫害防治：除施足基肥外，20天后追肥，尤其在花期来临前，补充较多的磷肥，以利开花。开花期间应停止施肥。每天保持通风、换气，少生病虫害。若生了虫，参照《植物养护一点通——家用简易防虫法》就OK了。另外，每月喷洒多菌灵，也能防患于未然。

一年生草本植物，不存在翻盆换土。

半边莲的话

讨了许多快乐给你，尽管如此，也不能全部拥有你。只有当你因为半边莲而快乐的时候，你才是属于它的。

那一刻，你和它是天底下最完美的一对。它不苛求全部的你，只希望拥有与你相对的那一刻。在人界，那一刻的快乐，也许仅仅是几秒钟，但对于植物界的半边莲来说，就涨成了六倍。因此，别人叫它六倍利。

你是快乐的，我才是快乐的；你是幸福的，我才是幸福的。半边莲如是说。

『爵床科』

金苞花

金苞花，又叫黄虾花
学名（拉丁名）*Pachystachys lutea*

【简介】金苞花是爵床科厚穗爵床属的多年生草本植物。
【原产】秘鲁。
【特征】茎直立，多分枝。叶对生，长卵形，光滑，深绿色；叶脉纹理鲜明，叶面皱褶有光泽，叶缘波浪形。穗状花序顶生，由金黄色心形苞片组成四棱形。花冠唇形，乳白色。
【花期】从春、夏至秋。
【习性】喜光。忌夏季阳光直射。不耐寒。安全越冬不低于10℃。

plant tips
园艺师的小叮嘱

金苞花一般采用扦插法繁殖。在春、夏季进行。

扦插法：剪取约10 cm长的旺盛枝条，有3～5个节，保留上端2～3片叶，下切口最好位于节下0.2 cm处。插到河沙土中，入土深度为1/3～1/2。一次浇透水，盖上玻璃或塑料薄膜，用于保湿。置于庇荫处，温度在20～25℃时，约10天生根。20天后可以上盆另植。

春、秋季，每1～2天浇水1次。夏季，每天上午10点前或者下午3点后浇水1次，并适当向叶面喷水。冬季减少浇水量，保持盆土稍稍湿润即可。冬季最好放在温暖且光照充足的窗口。花期过后，应当整形修剪。

施肥和病虫害防治：除施足基肥外，每月追肥1次。放在通风、散光处，一般不生病虫害。每月喷洒多菌灵，提前预防也是很有必要的。如果有虫子光临这片风水宝地儿，建议采用手工捉虫法清除，或者参照《植物养护一点通——家用简易防虫法》就OK了。

翻盆换土，在每年春天进行。

金苞花的话

“这是什么？”

“玉米棒。”

“不是。这是我写给你的纸条。”金苞花自问自答。

“真的假的？”

“真的。”金苞花抽出一张金黄色的纸，迅速地叠成四棱形的宝塔。

“这是小虾米？”

“不是。这是我写给你的纸条。”金苞花自问自答。

金苞花又抽出一张柔软的白纸，叠成小虾样，从宝塔里伸出头。

一张特殊的纸条叠成了。洁白的小虾背着金黄的宝塔，坐在你的书桌上。

『兰科』

蝴蝶兰

蝴蝶兰，别名蝶兰
学名（拉丁名）*Phalaenopsis amabilis*

【简介】蝴蝶兰是兰科蝴蝶兰属的多年生常绿草本植物。
【原产】亚洲、菲律宾和马来半岛。
【特征】根丛生，扁如带，表面多疣状突起。茎不明显。叶丛生，宽倒卵状长圆形，浅绿色，背面有红褐色斑点。花莛向上呈弓形，稍弯曲，长短不一，开花数朵。花大，蝶状。
【花期】10月至翌年1月。
【习性】喜热。耐阴。忌夏季阳光直射。安全越冬不低于10℃。

plant tips
园艺师的小叮嘱

蝴蝶兰一般采用分株法繁殖。

分株法：从大株的根部将萌芽切开，注意少伤根、少伤茎，然后分栽上盆。

蝴蝶兰的栽培材料主要以水草、苔藓为主，而且对温度和湿度的要求非常严格。适宜的温度10～30℃，湿度要求50%～60%。但浇水不宜过勤，每周浇1次水。掌握见干见湿的浇水原则，一般浇水宜在晴朗的上午进行，水温应与室温接近。当室内空气干燥时，用喷雾器直接向叶面喷雾，但不可将水喷到花朵上。

施肥和病虫害防治：生长期每月施肥1次，选用蝴蝶兰专用营养液。花期停止施肥。放在通风处，一般不生病虫害。另外，每月喷洒多菌灵，提前预防也是很有必要的。若发现了介壳虫、红蜘蛛等，参照《植物养护一点通——家用简易防虫法》就可以了。

翻盆换土，在每2年的春天进行。

蝴蝶兰的话

有的植物和人一样，对其他物种有着天才般的“山寨”功能，好比有绘画天赋的人，看见河流就临摹，看见小鸟也临摹，看见蓝天或者向日葵什么的，都能沉醉其中，一遍遍地涂呀，画呀……

蝴蝶兰喜欢“山寨”蝴蝶。它“山寨”白蝴蝶，也“山寨”红蝴蝶，还忙中偷闲地“山寨”花蝴蝶，它沉醉于蝴蝶们的翩翩舞蹈，更陶醉于它们的款款落座。它找出儿时的彩色铅笔，在纸上勾画一条条弯线，把一只只美丽的蝴蝶画在上面。

我希望成为蝴蝶！它在心里祈祷。晚上，它梦到它是一只蝴蝶。第二天醒来，画纸不见了，展现在眼前的是一只只款款落座的蝴蝶，而它成为了其中的一员。

『兰科』

文心兰

文心兰，又名舞女兰
学名（拉丁名）*Oncidium papilio*

【简介】文心兰是兰科文心兰属的多年生草本植物。
【原产】巴西、委内瑞拉、秘鲁等地。
【特征】假鳞茎卵圆形。叶1～3片，长可达30 cm。花茎生于假鳞茎基部，高可达1 m。花金黄色，小而多，可达百朵。顶萼片及侧瓣同形，较小，有棕色斑纹。侧萼片退化，唇瓣大，呈小提琴状，又似舞女衣裙，上部有红色斑块。
【花期】冬至翌年春季。
【习性】喜温暖、潮湿与蔽阴环境。忌夏季阳光直射。安全越冬不低于10℃。

plant tips
园艺师的小叮嘱

文心兰一般采用分株法繁殖。

分株法：在春天进行。将整株从盆中扣出，挑去粘在根上的基质，从假鳞茎的缝隙处切开，注意少伤根、少伤茎，使每株有3个以上的芽。将纠结在一起的根小心分开，清理掉烂根，剪去腐烂的、枯萎的假鳞茎，然后分栽上盆。在散射光处养护10～15天，再进入正常管理。

夏季，每天上午9点左右浇水1次，下午3点给叶片喷雾；同时遮光50%。秋、冬季减少浇水量，冬季不需要遮光。

文心兰属气生根，要求植株周围能通风、透气，最好选用气孔较多的素烧盆或容积较小的浅瓦盆种植，在盆底垫小砖粒或风化石，以便疏水；铺上一些水苔，使之防旱保湿，让气根生势顺畅。

施肥和病虫害防治：吸肥能力较弱，忌用浓肥。生长期略施薄肥。花期停止追肥。放在通风、散射光处，很少生病虫害。如有虫子光临这片风水宝地儿，参照《植物养护一点通——家用简易防虫法》就OK了。另外，每月喷洒多菌灵，也能防患于未然。

翻盆换土，在每2年的春天进行。

文心兰的话

文心兰从小热爱跳舞，梦想成为一名舞女。从小到大，为了保持纤细而柔软的身材，它每天喝一滴奶，吃一粒蛋糕，剩下的全是以空气为食了。

一个偶然的机会来了。文心兰登上心仪已久的舞台，表演最爱的童话舞剧《天鹅梦》。没想到，出乎意外的成功！“十年窗下无人问”的它，因一“剧”成名而天下知。紧接着，是场场爆满的精彩演出和滚滚而来的名利钱财。文心兰过足了一把《天鹅梦》的瘾。观众亲切地叫它舞女兰。

每当夜晚回家，脱掉金黄色的舞女裙，它都告诫自己：舞女兰呀，舞女兰，明天是最后一场演出。到了第二天，当穿着金黄色的舞女裙走上舞台，它宛若一颗着了魔的星星，光芒四射……在掌声雷动的谢幕中，它应允了又一个“第二天”的演出。直到一天，因劳累过度而出了事故。

舞女兰摩挲着金光闪闪的舞女裙说，你的心留在了舞台上。

『马鞭草科』

细叶美女樱

细叶美女樱，别名裂叶美人樱
学名（拉丁名）*Verbena tenera*

【简介】细叶美女樱是马鞭草科马鞭草属的多年生草本植物。
【原产】巴西、阿根廷。
【特征】茎丛生，外倾，蔓生，常在节处生根。叶条状羽裂。穗状花序，数朵小花密集排列呈伞房状。花5裂，有蓝紫色、红粉或白色。
【花期】5～10月。
【习性】喜光。喜温暖、湿润环境。为阳性植物。耐寒。冬季可耐－10℃的低温。

plant tips
园艺师的小叮嘱

细叶美女樱一般采用扦插法和分株法繁殖。一年四季均可进行。

扦插法：剪取10～12 cm长的枝条，插入河沙土中，约15天生根，极易成活。

分株法：将大株底部的脚芽分离，另外盆植。

繁殖期间的株苗应当遮阳、保湿。略长高后，可以摘心2次，促使多分株，以形成茂密的矮株丛。夏季干旱时要浇水。平时，每5～7天浇水1次。细叶美女樱管理比较粗放，也可以悬吊窗前。

施肥和病虫害防治：生长旺季，每月施肥1次。平时放在通风、向阳处，一般不生病虫害。如有虫子光临这片风水宝地儿，参照《植物养护一点通——家用简易防虫法》就OK了。另外，每月喷洒多菌灵，也能防患于未然。

翻盆换土，每年春天进行。

细叶美女樱的话

细叶美女樱在阳光下沉思：为什么心地善良的人，长得如此低矮，而且连一片完整的叶子都没有呢？为什么美丽的海公主一次次牺牲自己，而且连一片完整的舌头都没有，却仍然得不到王子的爱情呢？

因为《海的女儿》是安徒生的作品，因为安徒生一生没有拥有或得到爱情，因为上帝宠爱安徒生，不允许女人爱上他，所以，上帝读到了安徒生的《海的女儿》。

因为上帝不爱我，我才变得这么低矮，所以，我要加倍爱自己，为自己开最璀璨的花！

『马齿苋科』

太阳花

太阳花，又名龙须牡丹、半枝莲、死不了、大花马齿苋
学名（拉丁名）*Portulaca grandiflora*

【简介】太阳花是马齿苋科马齿苋属的一年生肉质草本植物。
【原产】巴西。
【特征】茎细而圆，平卧或斜生，光滑。叶互生或散生，圆柱形。花顶生，基部有8~9枚轮生叶状苞片与白色长柔毛；花瓣5或多数，先端微凹；有白、黄、粉、紫、红、橙等色，也有细点、条纹等复色。见阳光花开，阴天及夜晚闭合，故名太阳花。
【花期】6~9月。
【习性】喜阳。为阳性植物。喜干燥。极耐瘠薄，一般土壤均能适应，能自播繁衍。

plant tips
园艺师的小叮嘱

太阳花一般采用播种法和扦插法繁殖。

播种法：春天，将种子播在盆里，浇水，约10天发芽。

扦插法：在7~8月进行，剪取嫩枝扦插就可以了，甚至枯蔫的茎也能信手扦插成活，不必管理。

太阳花基本上属于自生自长，抗旱能力强。每1~3天浇水1次就足够了。

施肥和病虫害防治：不需施肥。在通风、向阳处，每天开花不断，几乎不生病虫害。也无需翻盆换土，是所有家养植物中，最不需要料理的一个。

太阳花的话

早上，太阳在睡觉，太阳花在做梦。当太阳起床的时候，太阳花从梦中醒来。

梦，是不能当饭吃的。太阳花张开嘴巴吃食物。可眼前啥也没有。太阳花把“没有”吃进肚子，仍然饿得难受。它重新看了看这个世界，除了太阳外，确实啥也没有。太阳花不甘心，嘴巴已经大大地张开，不吃点啥，怪屈得慌。它只好吃太阳。太阳真丰富啊，够它吃上一辈子的。

太阳好吃！每天看得到，每天吃得到，生活超幸福！太阳花如是说。

『毛茛科』

牡 丹

牡丹，又名富贵花，木芍药
学名（拉丁名）*Paeonia suffruticosa*

【简介】牡丹是毛茛科芍药属的落叶灌木。
【原产】中国。
【特征】枝粗壮。2回3出复叶。花大，单生枝顶。具香气。
【花期】4月。
【习性】喜光。为阳性植物。忌夏季阳光直射。花期如适当遮阳，可使色彩鲜艳并延长开花时间。较耐寒。喜凉爽。喜深厚、肥沃而排水良好的沙质壤土。

plant tips
园艺师的小叮嘱

牡丹一般采用分株法繁殖。

分株法：在9月下旬至10月上旬进行。过早了，养分积累不足，翌年生长不良；过晚了，则温度较低，不利于根系伤口愈合，影响越冬。选4～5年生的植株。先将叶子剪掉，保留幼芽，后将植株挖出，晾1～2天，等根发软后，用利刀分离。每3～5个蘖芽为一丛，下部带2～3条根。在伤口处涂草木灰，防止病害。上盆时选用桶式瓦盆，盆土宜用沙质壤土加饼肥的混合土。待覆土一半时，可将小株轻轻向上提起，使根理直。接着，用手压实。浇水。置半阴处缓苗。

浇水掌握见干见湿的原则，不宜浇多。早春出室后，一次浇透水；平时，盆土过干时，浇1次水，直到开花。花开过后，再浇1次水，但水量不要太大。立冬入室前需有一次浇透水。

施肥和病虫害防治：早春开花前，追肥1次；花谢后，追肥1次。平时，每隔2个月施少许薄肥。每月喷洒多菌灵，提前预防病虫害。若叶子上生了虫，就摘除叶子，并参照《植物养护一点通——家用简易防虫法》应付就OK了。

翻盆换土，在每4～5年的秋天进行。

牡丹的话

牡丹和所有植物一样，不经意生活在土地上。

春末夏初的一天，一群人走来，边走边聊，其中一位先生拥在中央。他说，虽然我吃的是粗面（就是小麦磨后拌有小麦皮的面，这种面据后人考究有很高的营养价值），喝的是白开水，晚上睡觉没有枕头，枕的是自己的胳膊，但我觉得其乐无穷啊。

牡丹听了这话，不以为然。牡丹认为自己每天都在蔬食饮水、曲肱而枕。

那位——被称为孔先生的人又说，不义而富且贵，与我如浮云。听到这里，牡丹一下愣住了。它痴痴地远眺先生的项背，高声朗诵——不义而富且贵，与我如浮云。天长日久，牡丹居然改变了原来的模样，越发长得雍容华贵。直到一只青蛙路过，发现其美，请坐于动物王的案前，享受富贵无边。

不义而富且贵，与我如浮云。这句话，长在牡丹的气韵里。

『毛茛科』

芍 药

芍药，别名将离
学名（拉丁名）*Paeonia lactiflora*

【简介】芍药是毛茛科芍药属的多年生宿根草本植物。
【原产】中国、西伯利亚及朝鲜、日本。
【特征】具肉质根。丛生。基部及顶端为单叶，其余为2~3回羽状复叶，小叶深裂呈阔披针形。花单生，具长梗。花大，花色丰富多样。
【花期】5月。
【习性】喜光。喜深厚、肥沃而排水良好的沙质壤土。耐干旱。忌积水。可以在阳台安全越冬。

plant tips
园艺师的小叮嘱

芍药一般采用分株法和播种法繁殖。

分株法：在9～10月进行。如早了，当年就会萌发新芽，影响来年生长；如晚了，不利于越冬。尤其是春季分株，对生长极其不利。俗话说“春分分芍药，到冬不开花”就是这个理儿。分株时，应当选3年以上的大株，掘起根丛，勿伤根系，晾1～2天后，在粗壮的根系间的缝隙处顺势切开，每株有3～4个芽。伤口用草木灰涂抹。施足基肥后，第二年即可开花。另外，也可在大株一侧刨土分株。

播种法：在8～9月进行。8月采种子，随采随种。也可将种子沙藏，9月播种。覆土6～10 cm，一次浇透水，翌年4月萌芽。

浇水掌握以下几点：早春要浇解冻水；4月底应浇花前水；5月中下旬必浇花后水；11月上旬需浇越冬水。每次都要浇透。其次，浇水依天气变化而定，雨季少浇水或不浇水；长时间干旱适当浇水，但防止水大烂根；切勿花期浇水，易导致花朵早谢；另外，避免向叶面喷水；叶面喷水会使褐斑病加重，且加快传播速度。

现蕾后，可摘除侧蕾，集中养分供给顶蕾，使其花大且美。花谢后，剪除残花、败枝；入冬前，摘除枯叶、萎茎，防治病虫害安居。

施肥和病虫害防治：除施足基肥外，春季现蕾时追肥1次，花谢半月后，即6月下旬追肥1次。其他时间不必追肥。放在通风、向阳处，一般少生病虫害。如有虫子光临这片风水宝地儿，参照《植物养护一点通——家用简易防虫法》就OK了。另外，每月喷洒多菌灵，也能防患于未然。

翻盆换土，在每3年的秋天进行。

芍药的话

刚一出生，没等站稳脚跟，没等骨骼结实、硬朗，芍药匆匆忙忙出了植物界。别人劝说，你等等，听听牡丹怎么说，可芍药一意孤行地选择了人界。没有别的原因，仅仅因为出生前，它幻听了很多关于人界的传说。

这就是为什么芍药是草本的，没有硬朗的木质根，而牡丹是灌木的原因。

芍药追忆往事，毫不后悔。它说，凡事经历过，才不枉人界走一遭。

『木犀科』

桂花

桂花，又名木樨、九里香
学名（拉丁名）*Osmanthus fragrans*

【简介】桂花是木犀科木犀属的常绿乔木，因分枝性强且分枝点低，也常呈灌木状。
【原产】中国。
【特征】单叶对生，椭圆形或椭圆状披针形，先端尖或渐尖，基部楔形，深绿色，全缘或上半部疏生锯齿，叶缘波状。芽叠生。花簇生叶腋，聚伞花序，具浓香。
【花期】9～10月。
【习性】喜光。全日照时枝叶茂盛，着花繁密。为阳性植物。喜温暖，有一定的抗寒能力。萌芽力强，耐修剪。对土壤要求不严，但喜肥沃、疏松、排水良好的微酸性土壤。安全越冬不低于0℃。

plant tips
园艺师的小叮嘱

桂花一般采用扦插法和空中压条法繁殖。

扦插法：在6月进行。剪取半熟枝与老枝间的交界处的枝条，10～12 cm长，因交界处养分多，组织坚密，易发根。上部留2片叶，随剪随插，保持叶的完整与湿润，插入河沙土中，仅留2 cm在土面。浇水。约2个月生根。

空中压条法：选取一年生或二年生的壮实枝条，在割伤表皮下方围捆塑料薄膜，翻上去内装青苔等易蓄水的材料，浇水，将上口绑扎结实，保持湿润。约3个月生根，生根后剪离大株。

在4～9月，放通风、向阳处培养。浇水掌握见干见湿的原则。春、秋季，每3～5天浇水1次；夏季，浇水可以适量增加，并每天向叶面喷水2～3次；冬季减少浇水量，每7天浇水1次。

桂花树在0～5℃间进入休眠状，0℃以下受冻害，5℃以上芽体就萌动、萌发。过高的室温，使桂花树过早抽枝展叶，不仅不能积累充足的营养，还消耗体内的养分，出现虚假的茂盛和繁荣。这样不利于生长。

施肥和病虫害防治：幼株时施足基肥，长成后，每月追薄肥1次。桂花喜含磷、钾的肥料。在开花期间停止施肥。偶尔有介壳虫前来光顾，建议采用手工捉虫法清除，或者参照《植物养护一点通——家用简易防虫法》就OK了。另外，每月喷洒多菌灵，也能防患于未然。

翻盆换土，每2年的春天进行。

『木犀科』

桂花

Osmanthus fragrans

桂花的话

说起桂花，脑海里蹦出一颗牙来。先空嚼一月牙的桂花糕，进而嚼到一轮月饼。

饮食是人生存的首要问题，自古惯之。何况秋高气爽的时节，坠着黄色小花的桂花树既能满足牙旁的味觉，又能满足鼻息间的嗅觉的双重功效！于是，人们常常读到如下的句子：

我从路旁走过，忽闻一阵花香袭来，隐隐约约，感觉是这么熟悉。放眼望去，哇，桂花开了！好香好香的桂花，一下子勾起了我儿时的记忆，那时候，我放了学，手里捧着妈妈做的桂花糕……

月待圆时花正好。桂花因此成了一家人团圆的标志性“建筑”。尤其八月十五中秋节这天，家人欢聚在一两棵桂花树下，吃着桂花饼，喝着桂花茶，饮着桂花酒，其乐融融。

桂花

『木犀科』

茉 莉

茉莉，别名抹厉
学名（拉丁名）*Jasminum sambac*

【简介】茉莉是木犀科素馨属的常绿灌木。
【原产】印度、巴基斯坦、伊朗至阿拉伯半岛。
【特征】呈藤状生长，枝细长而柔软。单叶对生，圆形、椭圆形、卵状椭圆形至倒卵形，顶端尖或钝，基圆或微心形，全缘，上面光亮，下面脉腋有簇毛。聚伞花序顶生，白色，极芳香。
【花期】5～11月。
【习性】喜温暖、湿润环境。为阳性植物。耐半阴。安全越冬不低于3℃。

plant tips
园艺师的小叮嘱

茉莉一般采用扦插法和空中压条法繁殖。

扦插法：在4～10月进行，剪取1～2年生的健壮枝条，约10 cm长，有4～5个节和2对以上的芽，切口近节处。剪成斜面，摘掉下端的叶片，留顶端1对叶。插入河沙土中，细细浇水，放阴凉处。约2个月生根。

空中压条法：选取较长的枝条，在近节的下部轻轻刻伤，埋入另一盆中，经常保湿，2个月后与大株割离，另外种植。

茉莉怕积水，因此，浇水不宜过量，以免烂根。春、秋季，每2天浇水1次；夏季，每天浇水1次；冬季，每周浇水1次。

施肥和病虫害防治：施足基肥后，不必再追肥。只要放在通风处，一般不易生病虫害。如有虫子光临这片风水宝地儿，参照《植物养护一点通——家用简易防虫法》就OK了。另外，每月喷洒多菌灵，也能防患于未然。

翻盆换土，在每年春天进行。

茉莉的话

爱情是用心阅读的，用眼睛拥抱的，用鼻子欣赏的。

如果你在职场里穿梭，你会读到空中飘来的呼唤；如果你在高楼大厦间奔波，你会得到一个意想不到的满怀；如果你在夕阳下行走，你会嗅到期待已久的气息。

茉莉慢慢展开洁白的小花，爱的秘密就在眼前。

『木犀科』

迎　春

迎春，别名金腰带
学名（拉丁名）*Jasminum nudiflorum*

【简介】迎春是木犀科素馨属的落叶灌木。
【原产】中国。
【特征】直立或匍匐生长，直立者顶端多弯曲成拱形。枝干丛生，灰褐色，小枝绿色，呈拱形，4棱形。3小叶复叶对生，有时基部或徒长枝出现单叶对生，叶轴有窄翅。花单生叶腋，黄色，花5～6裂。
【花期】2～4月。
【习性】喜光。喜温暖、湿润环境。为阳性植物。耐寒。耐旱。耐阴。怕涝。对土壤要求不高。

plant tips
园艺师的小叮嘱

迎春一般采用扦插法和分株法繁殖。

扦插法：春、夏、秋都可进行。剪取当年生枝条，15～20 cm长，插入河沙土中，入土1/3，浇水，约10天生根。

分株法：花期过后，结合翻盆换土时进行。将每丛带根的3～5个枝条分栽盆中。不宜在秋季进行，因为幼株过冬，容易受冻害。

春季，浇水适量，每5天浇水1次；夏季，每3天浇水1次；秋季浇水，不干不浇，浇则浇透；冬季，约10天浇水1次。

生长季节，注意修剪。为使枝条向上生长，可以插竿扶持，及时除去基部的侧芽。当长到一定高度，再打顶，这样便于形成下垂的拱形。每年花期过后，剪除枯枝、病枝，保持整株美观。

施肥和病虫害防治：冬季开花前和春季花谢后，分别施肥1次。基本上没有什么病虫害。如有虫子光临这片风水宝地儿，参照《植物养护一点通——家用简易防虫法》就OK了。另外，每月喷洒多菌灵，也能防患于未然。

翻盆换土，在每年初夏进行。

迎春的话

有时候，你会遇到这样的情况，无论怎么努力，都没有出路，你恨不得放弃。很快，你发现，你连放弃的权力都没有。你找不到一个理由逃离，所谓山穷水尽、欲哭无泪，就是你最切肤的体验。

把一切烦恼丢在风里。亲爱的，你只需歇歇脚，春天就追上来了。绝处逢生的迎春，吹着黄色的小喇叭花说。

『茜草科』

六月雪

六月雪，别名碎叶冬青、满天星
学名（拉丁名）*Serissa foetida*

【简介】六月雪是茜草科六月雪属的常绿或半常绿灌木。
【原产】中国。
【特征】多分枝，嫩枝绿色，老枝褐色并具明显皱纹。叶小，对生或簇生，倒卵形至矩圆状披针形，革质，有光泽。花小，白色，如白雪皑皑，因而得名。绿叶丛中，点点白花素雅脱俗，又如漫天星斗，故又名满天星。也有淡粉紫色。
【花期】5～10月。
【习性】喜光。为阳性植物。忌夏季烈日直射。耐半阴。耐干旱。耐贫瘠。适应性强，萌芽、萌蘖力均强，耐修剪。不耐寒，安全越冬不低于5℃。

plant tips
园艺师的小叮嘱

六月雪一般采用扦插法和分株法繁殖，在春天3～4月进行。

扦插法：剪取2年生枝条，6～8 cm长，插入河沙土中，入土1/3，浇水。约30天生根。成活后，应先置荫凉处，20天再移至阳光处。扦插株2～3年开花。

分株法：从主根上切离萌蘖的枝条，分盆另植。

夏季，每天浇水1次，随时降温并增加空气湿度；入秋后，适当控制浇水量，每2～3天浇水1次；到了冬季，每7～10天浇水1次；春季，每5～7天浇水1次。

有关浇水，已经写得够详细了，尽管如此，也不能保证绝对正确，因为天气是千变万化的，谁也琢磨不定，但有一个基本的浇水原则可以参考，即见干见湿，不干不浇，切勿滥浇，这在《植物养护一点通——水》里有过介绍了。

夏季，要有适当的遮阳物，比如用窗纱搭个半透光的荫棚，免得晒坏了枝叶。

六月雪萌发力特强，主干及根部都会萌发许多新枝，应经常修剪，以免消耗养分，扰乱树形正常发育。对花后萌发的突出树冠外的枝条，也要修剪，否则影响观赏。

施肥和病虫害防治：上盆后，每15天施1次肥。花期前15天，停止施肥。放在通风、半向阳处，基本上没有什么病虫害。偶尔生蚜虫，用蒜汁对付就可以，蚜虫最头痛这个味儿了。因环境不同，有时候生的虫也不同，有的地方，偶尔有介壳虫前来光临，建议采用手工捉虫法清除，或者参照《植物养护一点通——家用简易防虫法》就OK了。另外，每月喷洒多菌灵，也能防患于未然。

翻盆换土，在每2～3年的春天进行。

『茜草科』

六月雪

Serissa foetida

六月雪的话

连续三年大旱，绝大多数植物枯萎，相继死掉。

碎叶冬青见此情景，立即让叶片又缩小一倍。它生怕体内仅存的一滴水“志愿”到干燥如火的空气中。几天后，那滴水消耗殆尽。浓缩的叶子枯萎了。此时是炎炎六月。它多么期望一场大雪来临。它知道这是不可能的，虽然和雪神有过一面之交，但已经是很久远的事了。

碎叶冬青油然忆起那幕短暂的相识，在人界和植物界的边界，它与雪神路遇了，没有一句台词，凝眸了两秒钟，——彼此都是大忙人，来不及第三秒凝眸，就互不见踪迹。

路遇，无情无仇，无恩无怨。碎叶冬青遗憾地说。

一片雪花飘下。纷纷扬扬的雪花飘下。碎叶冬青说，我仿佛看到了雪神的白大衣。

一片片雪花跳进怀中，枯萎的叶子们一个个打起精神，尽情吸吮着雪水，重新变得油绿起来。

为了感谢雪神，碎叶冬青把雪花刻在心里。第二年，这些感念变成了一朵朵小小的白花挂满枝头。这就是六月雪这个名字的来历。

“金边”六月雪

『蔷薇科』

木瓜海棠

木瓜海棠，又名毛叶木瓜

学名（拉丁名）*Chaenomeles cathayensis*

【简介】木瓜海棠是蔷薇科木瓜属的落叶灌木。

【原产】中国。

【特征】枝干直立而坚硬，少分枝。叶多簇生于短枝，长椭圆形至披针形；近无柄。叶缘具有刺芒状尖齿，托叶下面有褐色绒毛。花、叶同时开放，花有淡红或近白色，花梗短。

【花期】3～4月。

【习性】喜光。为阳性植物。耐寒。耐旱。不耐湿和盐碱。

plant tips

园艺师的小叮嘱

木瓜海棠一般采用分株法和扦插法繁殖。

分株法：木瓜海棠容易萌发蘖枝，在初春或秋天结合翻盆换土时进行，将大株从根部分割，每丛带2～4根枝条，并且基部有根，栽植到另一盆中。

扦插法：在初春或秋天进行，剪取当年新生的枝条，15～20 cm长，下端的1/3插入河沙土中，放置阴凉处，浇水，约40天生根。

木瓜海棠既耐旱又耐贫，管理比较简单。春、夏季，保持盆土湿润；秋季落叶后，一次浇透水就可以了。冬季停止浇水。每年开花过后，剪去枝条的顶部，促使分枝，以待来年增加花数。

施肥和病虫害防治：每年施肥2次，秋末或初冬追肥1次；春季开花后，追肥1次。放在通风、向阳处，一般不宜生虫。如有虫子光临这片风水宝地儿，参照《植物养护一点通——家用简易防虫法》就OK了。另外，每月喷洒多菌灵，也能防患于未然。

翻盆换土，在每3～4年的春天或秋天进行。

『蔷薇科』

木瓜海棠

Chaenomeles cathayensis

木瓜海棠的话

木瓜海棠说："我要实现一个梦。"

"什么梦？"你问。

"在空中建楼阁。"木瓜海棠望着远处。

"空中楼阁是虚幻的，不可能实现。"

"一切都是可能的。"木瓜海棠看着你。

"你见过大海吗？"你问，你觉得它有点弱智，长了个木瓜脑袋。

"大海见过我吗？既然没有，我为什么要见它呢？"木瓜海棠反问。

你发现你们的谈话在偏离主题，就说："你的梦好比海市蜃楼，只存在你的脑海中，这样的房子是不可以住人的。"

"它可以住人……"

"你打算让谁住，除了空气？"

"还有你。"

木瓜海棠很快搭好了空中楼阁，全部材料来自花瓣。楼阁仿造现代小区的样子，旁边植了几棵绿树；刺芒状的绿叶仿造围墙头上的尖玻璃，防止外来者入侵。

这栋空中楼阁特别为你而造，哪怕住一分钟，木瓜海棠也知足了。

木瓜海棠

『蔷薇科』

贴梗海棠

贴梗海棠，又名皱皮木瓜，铁角海棠，贴梗木瓜
学名（拉丁名）*Chaenomeles speciosa*

【简介】贴梗海棠是蔷薇科木瓜属的落叶灌木。
【原产】中国。
【特征】枝干丛生，开张而柔软，枝有刺。叶椭圆形至长卵形，托叶膨大呈肾形至半圆形，叶缘有不规则锐齿。花簇生，有绯红、淡红或白色；先花后叶或花叶同放；花梗极短。
【花期】3～4月。
【习性】喜光。为阳性植物。耐寒。耐旱。

plant tips
园艺师的小叮嘱

贴梗海棠一般采用分株法和扦插法繁殖。

分株法：贴梗海棠容易萌发蘖枝，在初春或秋季翻盆换土时，将大株从根部分割，每丛带2～4根枝条，并且基部有根，栽植到另一盆中。

扦插法：初春或秋季，剪取当年新生的枝条，15～20 cm长，下端的1/3插入河沙土中，放置阴凉处，浇水，约40天生根。

贴梗海棠同木瓜海棠一样，既耐旱又耐贫，管理比较简单。春、夏季，保持盆土湿润；秋季落叶后，一次浇透水就可以了。冬季，停止浇水。每年开花过后，剪去枝条顶部，促使分枝，以待来年增加花数。

施肥和病虫害防治：每年施肥2次，秋末或初冬追肥1次；春季开花后，追肥1次。放在通风、向阳处，一般不宜生虫。如有虫子光临这片风水宝地儿，参照《植物养护一点通——家用简易防虫法》就OK了。另外，每月喷洒多菌灵，也能防患于未然。

翻盆换土，在每3～4年的春天或秋天进行。

贴梗海棠的话

如果坐上时光倒流器，你会发现，几千年前你是灌木，是枝条柔韧的那种。那年三月，你在某人的院子里发呆。院主人是一位“食无求饱，居无求安”的人，满脑子都是胡思乱想。他怕他的胡思乱想把脑袋胀破，就跑到院子里倾盆狂倒，一副很拽的样子说，我孔丘这些话字字玑珠、篇篇锦绣呀。

可惜，孔丘的胡思乱想在当时一文不值。你非常厚道，不愿意看到字字玑珠、篇篇锦绣的东西沦落到像天空的云朵——居无定所，于是，你把能够拾起来的“玑珠”和“锦绣”揽进怀。三天后，它们贴着你的茎皮，来不及伸长脖子，就生成了一朵朵鲜花。

这不是鲜花，这是孔丘的胡思乱想。你亮出一根根尖刺说。

『蔷薇科』

月 季

月季，又名月月红，四季蔷薇
学名（拉丁名）*Rosa chinensis*

【简介】月季是蔷薇科蔷薇属的常绿或半常绿灌木。
【原产】中国。
【特征】枝稍开张，有倒钩皮刺。小叶3～5枚，广卵形至椭圆状卵形。花单生，或数朵簇生。有香气。
【花期】4～11月。
【习性】喜光。为阳性植物。耐寒。冬季可耐－15℃的低温。不耐阴。

plant tips
园艺师的小叮嘱

月季一般采用扦插法和空中压条法繁殖。

扦插法：在11～12月进行，剪取约10 cm长的枝条，两头斜剪。上端留3～4个芽，下端的1～2个节埋入土中扎根。一次浇透水后，用塑料薄膜封严，放在向阳处。中午气温高，将周边薄膜掀开，让其通风、换气，到下午4～5点盖好。哪天温度高了些，就掀开。不定次数，根据气温变化。翌年4月上盆。成苗后，每3～5天浇水1次。

空中压条法：选取当年生的枝条，拧成“V”形，埋入土中，约7 cm深，覆土压实，不使枝条反弹。一次浇透水后，不必勤浇水。2个月剪离大株，分盆另植。

在0℃左右，可以安全越冬。冬季，每7～10天浇水1次；转春后，每3～4天浇水1次；出芽后少浇水，待芽、叶长出后，每3～5天浇水1次。夏季，每天浇水1次。

每年11～12月修剪，在枝条30～40 cm处剪去上部。剪口最好留外侧芽。每株枝条数不宜多，一般留3～5枝，强壮的多留，弱小的少留。老月季翻盆换土时，剪去大部分枝条，促使月季更新。

施肥和病虫害防治：每年立夏前，开始施肥。每半月追肥1次。但发芽时不追肥，开花时也不追肥。每半月喷洒多菌灵，提前预防病虫害。若有虫子光临这片风水宝地儿，建议采用手工捉虫法清除，或者参照《植物养护一点通——家用简易防虫法》就OK了。

翻盆换土，在每年12月或翌年1月进行。

月季的话

像《西游记》里的孙悟空，在中国，月季是妇孺皆知的。月季与玫瑰相似，却比玫瑰更平易近人。它们都长有小刺，叶子大同小异，而花期大不相同。玫瑰一年开花一次或两次，月季则不然。它每月都要开，所以，人们又叫它月月红。

月季与蔷薇也很相似。人们把蔷薇比作是野性的精灵，玫瑰是贵族，月季是平民百姓。

这个世界是平民百姓的。月季的心暖暖的，为自己点燃一束小花。

『茄科』

矮牵牛

矮牵牛，别名碧冬茄、杂种撞羽朝颜、毽子花
学名（拉丁名）*Petunia hybrida*

【简介】矮牵牛是茄科碧冬茄属的多年生草本植物，常作1～2年生栽培。
【原产】南美洲。
【特征】全株被腺毛，茎直立或侧卧。叶对生或互生，卵形，全缘，几无柄。花单生叶腋及茎顶。
【花期】4～10月。
【习性】长日照植物。喜温暖、干燥和充足的阳光。为阳性植物。适宜微酸性土壤。耐寒，耐－2℃的低温。忌积水。

plant tips
园艺师的小叮嘱

矮牵牛一般采用播种法和扦插法繁殖。在春、秋季进行。

播种法：将细小的种子，播在盆里，不必覆土。用木板将盆土表面压平，使种子与土壤紧贴。随后在盆底用浸水法浸透水，也就是将播种盆放在水盆里，让水从盆底孔渗入，慢慢湿润播种盆。20℃左右的温度下，约10天发芽。苗高5 cm时，分盆养护。

扦插法：剪取基生的健壮嫩枝条，切口要平，留上端2～3片叶，插入事先消毒好的河沙土中，约1/2深，经常喷水，保持沙土湿润和适当遮阳。约15天生根。

夏季是生长旺季，每2～3天浇水1次。平时，见盆土干了再浇水。

矮牵牛喜光，应放在阳光充足的窗前，并及时进行修剪，长到10 cm高时，开始打顶，促使萌发侧枝，这样开花较多。每次花谢后，如不留种子，应剪除残花，并剪短枝条，又可以继续萌发侧枝，重新开花。

施肥和病虫害防治：花期前，略施薄肥1次。生长旺季避免追加。平时放在通风、向阳处，一般很少生病虫害。若生了虫，参照《植物养护一点通——家用简易防虫法》应付就可以了。

翻盆换土，在每年春天进行。

『茄科』

矮牵牛

Petunia hybrida

矮牵牛的话

矮牵牛是一种极其喜阳的植物，成活率高得很，花期长得很。之所以把“很”字放在后面，是因为程度更强烈。如同“想你想得很”，比“很想你”的“很”更很；“爱你爱得很”，比“很爱你”的“很”更很。

和矮牵牛有过亲密接触的人，都会因为它的灿烂而改变对赏花类植物的看法。朝花夕谢，让颇具诗性情怀的你扼腕叹息，然而，矮牵牛总能给你意外的惊喜。

你看你看矮牵牛的脸，它从不因为“夕谢”而改变灿烂的容颜。次日，又有新的花瓣出现，这种接力赛式的灿烂，只为了向你诠释一个词——永远！

矮牵牛

『秋海棠科』

四季海棠

四季海棠，又名常花海棠、瓜子海棠
学名（拉丁名）*Begonia semperflorens*

【简介】四季海棠是秋海棠科秋海棠属的多年生草本植物，常作一年生栽培。
【原产】巴西。
【特征】茎光滑，多由基部分枝。叶互生，基部微斜，缘有齿及毛，有绿、紫红或绿带紫晕等变化。聚伞花序，雌雄同株异花，有红、粉红、橙红、白或复色。花期长，可四季开放，故此得名。
【花期】四季开放。
【习性】喜光。为阳性植物。怕干燥和积水。不耐寒。安全越冬不低于5℃。

plant tips
园艺师的小叮嘱

四季海棠一般采用播种法和扦插法繁殖。

播种法：在春季4～5月或秋季8～9月进行。种子细小，播种时要拌细沙。一般是先将培养土洒水，用手轻轻压平，然后将种子洒在上面。播种后不覆土，浇水要特别小心，最好进行喷雾，以免冲走种子或冲倒幼苗。在12～30℃的温度间，7～10天发芽，出3～4片真叶时，分盆另植；幼苗长出5～6片真叶，进行摘心，以促进分枝。

扦插法：剪取约5 cm长的枝条，插入河沙土中，浇水掌握勤浇量少的原则，长出新根后分盆另植。

也可以用分株法繁殖，但扦插法和分株法繁殖的植株，因为长期多代使用，容易造成品种退化，分枝少而长势弱，诸如叶片、花朵会变小等情况，因此，最好以播种法繁殖为主。

浇水要充足，保持土壤湿润。随时观察盆土的干湿状况，见盆土发白即可浇水，水量不宜过多。浇水的最佳时间是上午9点左右。入冬后生长缓慢，水分消耗不大，不宜浇水太多，一般隔3天见盆土表面发白，或手指触摸感觉较硬时再浇水。

为使株丛较大，开花繁茂，应多次摘心，一般留2个节，把新梢摘除，促使分枝。6月下旬开始蔽阴，但要放在通风处。

施肥和病虫害防治：每10天施1次薄肥。当温度在30℃以上时，停止施肥。四季海棠少生病虫害。每月喷洒多菌灵，提前预防也是很有必要的。

一年生草本植物，不存在翻盆换土了。

『秋海棠科』

四季海棠

Begonia semperflorens

四季海棠的话

“喂？”四季海棠打电话，电话小巧得像一个袖珍护耳套。

“……”你说。

“喂？”它把“喂”字音调高高挂起，又轻轻放下，像一个问号。它不知道接听者是谁。

“喂，”这是一个陌生的电话号码，你不知道来电者是谁。

“是你吗？”四季海棠笑了，“天呐，竟然有人答应！”

“哈哈——”你笑了。

“你见过叶子吗？”不等你回答，它又补充说，“也许是绿色的，也许是紫红色的。”

“见过。”你在语气里传递着笑意，“绿叶很常见，有梧桐叶；紫红色的叶子比较少，有枫叶。”

“你知道的真多，但是，你一定没见过用红线锁了毛边的绿叶或紫叶。”

“锁了毛边，用红线？”

“是呀。”

“你是谁？”

“这是秘密。”四季海棠说。

“哦——我猜猜，你的衣服是用红线锁了毛边的，要么是绿色的，要么是紫色的。”听得出来，你的笑意更浓了。

四季海棠

『山茶科』

山茶花

山茶花，别名茶花、耐冬花、曼陀罗树
学名（拉丁名）*Camellia japonica*

【简介】山茶花是山茶科山茶属的常绿灌木或小乔木。
【原产】中国。
【特征】叶单生，革质，暗绿色，有光泽，椭圆形，顶端渐尖，基部阔楔形至圆形，边缘具细锯齿。花较大，多数着生枝顶或腋生，花色有白、粉、红、紫等。
【花期】10月至翌年5月。
【习性】喜半阴。忌夏季烈日直射。不耐严寒。忌积水，排水不良根系会腐烂掉。山茶花适宜生长温度在15～27℃。安全越冬不低于5℃。

plant tips
园艺师的小叮嘱

山茶花一般采用扦插法繁殖。

扦插法：在4～5月进行。这时气温较高，昼夜温差小，利于插条生根。选取5年生左右的大株，剪取当年生的半木质化的枝条，因枝条过嫩容易腐烂，过老则难以生根。要求剪口平剪，6～9cm长，摘除下半部叶，留上半部2～3片叶，插进盆土，深度为1/2，浇水。10天后减少水量，保持盆土稍湿润，放在通风、散光处养护。约30天生根，成为新株。

生长期浇水每2天1次，不可偏干。

施肥和病虫害防治：除施足基肥外，每月追少量肥1次。花期前30天停止施肥。每月喷洒多菌灵，提前预防病虫害。若生了虫，参照《植物养护一点通——家用简易防虫法》就可以了。

翻盆换土，在每2～3年的春天进行。

山茶花的话

古往今来，很多人为山茶花写诗、填词、撰文，赞美山茶花叶子常青，花色艳丽，花姿优雅，气味芬芳等外貌特征；也有人从本质上讴歌它藐视风寒，傲霜斗雪，给严冬增添色彩等内在素养，甚至还有人“透视”出山茶花具有刚正不阿的高洁情操……

这都什么呀，山茶花说，我开花从没有想这么多！

根在土里，一直默默无闻地吸收水和矿物质，并将整株山茶花牢牢地“站住”；茎在隧道里，负责把根吸收的营养送到各个部位，并以坚韧的力量“顶住”外力，而不至于折断；叶子们走在前线，从阳光里提取能量，进行光合作用，把空气中的二氧化碳和土壤里的水“搅和”一起，烹饪出糖和其他物质，供整株山茶花食用；还有无数小细胞每天忙个不停……

我为伟大的我开花。无论面对“门巷欢呼”的人群，还是面对“人走茶凉”的枯寂，山茶花如是说。

『十字花科』

二月兰

二月兰，又名诸葛菜
学名（拉丁名）*Orychophragmus violaceus*

【简介】二月兰是十字花科诸葛菜属的二年生草本植物。
【原产】中国。
【特征】茎直立，光滑，被白色粉霜。基部叶片近圆形，中部叶呈较大的羽状分裂，顶部及侧生叶呈肾状或近卵形。总状花序顶生，着生5～20朵不等；花瓣中有幼细的脉纹，倒卵形，有长爪；花大多为蓝紫色或淡红色，随着花期的延续，花色逐渐转淡，最终变为白色。
【花期】2～6月。
【习性】耐寒。耐瘠薄，对土壤要求不严。冬季常绿。有较强的自播繁衍力。

plant tips
园艺师的小叮嘱

二月兰一般采用播种法繁殖。

播种法：在8～9月进行。将种子直接盆播，浇水即可。

也可以不管理，6月种子成熟后，自然开裂，落入盆土中，9月长出绿苗，小苗越了冬，晚春开花，夏天结籽，年年延续。

浇水掌握见干见湿的原则，干了就浇水，逢阴雨天少浇水或不浇水。

施肥和病虫害防治：施足基肥后，不再追肥。二月兰管理极为粗放，也少生病虫害。但一定放在通风、向阳处。

一、二年生草本植物，无需翻盆换土了。

二月兰的话

店里的书很多，随手翻开的是哪一本，你不知道；路上的眼睛很多，交织相会的是哪一双，你不知道；地球上的人很多，能够品茶相向的是哪一位，你不知道……这就是“触目横斜十万朵，赏心只有三两枝”。

在花枝招展的春天，你开始寻觅“赏心”的三两枝！

寻觅，是人生的必然；遇见，是途中的偶然。

在漫漫途中，你疲倦了，终于放弃了寻觅。是的，你的放弃掀开了生命中最浪漫而华美的篇章——惊心动魄的遇见，仅仅来自偶然——抬头的瞬间。

遇见你，在最美丽的二月。二月兰如是说。

『十字花科』

香雪球

香雪球，又叫小百花
学名（拉丁名）*Lobularia maritima*

【简介】香雪球是十字花科香雪球属的多年生草本植物，常作一、二年生栽培。
【原产】欧洲、西亚。
【特征】株高15～30 cm，多分枝而匍生。叶互生，灰绿色，小而呈条形。总状花序密生茎顶，花小，有白、淡紫、深紫、紫红等色，具微香。
【花期】3～6月。
【习性】喜光。稍耐寒。耐干旱、瘠薄。忌炎热。忌涝。性健壮，能自播繁殖。

plant tips
园艺师的小叮嘱

香雪球一般采用播种法繁殖。

播种法：在3～4月进行。种子发芽适宜温度为22℃左右，5～10天发芽，出3～4片真叶时，上盆另植。6月开花。

在炎热和闷湿环境生长停滞，开花稀少，甚至因闷热而枯死。一般仅在春季和初夏欣赏，炎夏拔除。不过，如果放在通风、凉爽处，老株越夏后又生新枝，于秋凉时又开花。

浇水掌握见干见湿的原则，干了就浇水，逢阴雨天少浇水或不浇水。

施肥和病虫害防治：施足基肥后，不再追肥。香雪球管理极粗放。也少生病虫害。平时多开窗，注意通风、换气。如有虫子光临这片风水宝地儿，参照《植物养护一点通——家用简易防虫法》就OK了。另外，每月喷洒多菌灵，也能防患于未然。

一、二年生草本植物，无需翻盆换土了。

香雪球的话

在花神部落里，玻璃球爱上花神的女儿。他恳请花神允许女孩嫁给他。花神说，我出100道题，如果你都答对了，我就把女儿许给你。玻璃球说，好的。

花神问了99道题，玻璃球都答对了。剩下最后一道题，花神困意袭来说，我明天再问你。玻璃球回到住处。他躺在床上，心里盘算着，答完最后一道题，我就可以和花神的女儿结婚了。

这天夜里，花神的门卫铁锁翻来覆去睡不着。他想，玻璃球哪儿配得上女孩！真是癞蛤蟆想吃天鹅肉，够得着吗？铁锁又一想，明天，如果玻璃球答对最后那道题，女孩就成了他的妻子，我可能再也看不见她了。铁锁越想越不是滋味，起身走到玻璃球的床前，用力一砸，玻璃球碎了。铁锁就势把碎屑逐出了花界。

这就是后来的香雪球，又名小百花。

『石竹科』

香石竹

香石竹，又名康乃馨，麝香石竹
学名（拉丁名）*Dianthus caryophyllus*

【简介】香石竹是石竹科石竹属的多年生草本植物。
【原产】南欧、地中海北岸、法国至希腊一带。
【特征】茎直立，基部半木质化；多分枝，植株灰绿色，被白粉，茎干硬而脆，节膨大。叶对生，线状披针形，质厚，先端常向外微弯曲。花单生或2～6朵聚伞状排列；花萼长筒状，花瓣扇形，内瓣多呈皱缩状，有不规则缺刻。
【花期】花期长，有的地区全年都可开花。
【习性】喜光。喜肥沃、干旱、通风而冷凉的环境，但不耐寒。适宜生长温度14～22℃。

plant tips
园艺师的小叮嘱

香石竹一般采用扦插法繁殖。

扦插法：一般在春、秋季最好，成活率高。剥掉（不用刀剪）6～10 cm长的健壮枝条，除去基部叶片，留上端3～4片叶，将其用水淋一下，插入盆土中，浇水，放遮阳处，10天内不再浇水。待土表发白时再浇。约20天生根。

浇水掌握见干见湿原则，晴天每2～3天浇水1次，阴雨天每5～7天浇水1次，冬季每15天浇水1次。

施肥和病虫害防治：除施足基肥外，生长期每月追肥2次。香石竹易招惹病害、虫害，每月喷洒2次多菌灵，提前预防很有必要。若生了虫，参照《植物养护一点通——家用简易防虫法》就可以了。

翻盆换土，在每2年的春天进行。

香石竹的话

香石竹紧随石竹之后来到人间。

你每天来去匆匆，甚至忘记照顾自己，香石竹默默祝福：祝你健康长寿！祝你平安快乐！

它的祝福密密麻麻缠着心，一层又一层，直到有一天“破茧”而出。

无论你多忙碌，无论有多大的事儿，期望你留一点点心，爱自己！香石竹说。

『石竹科』

矮雪轮

矮雪轮，别名小红花、大蔓樱花
学名（拉丁名）*Silene pendula*

【简介】矮雪轮是石竹科蝇子草属的一、二年生草本植物。
【原产】南欧。
【特征】株高20～30 cm，全株具白色柔毛，多分枝；茎基匍匐、丛生状；蝎尾状聚伞花序伸展成疏总状，花有粉红色，又有白、淡紫、浅粉、玫瑰色等，萼筒膨大，有胶黏质。
【花期】4～5月。采种期6月。
【习性】喜光。喜肥。为阳性植物。耐寒。在富含腐殖质、排水畅通的土壤中生长良好。

plant tips
园艺师的小叮嘱

矮雪轮一般采用播种法繁殖。

播种法：在9月进行。种子发芽适宜温度为20℃左右。将种子播到盆土后，覆细土，用喷壶浇水。7～10天出苗。等11月或早春长到4～6片叶时移植。

移植上盆时，要带土移植，切勿伤到根部，不然很难存活。

浇水时要避开茎干部位，否则容易烂茎。选择喷壶浇水，注意保持茎部干燥。

施肥和病虫害防治：除施足基肥外，生长期每月追肥1次。放置通风、向阳处，一般不生病虫害。如有虫子光临这片风水宝地儿，参照《植物养护一点通——家用简易防虫法》就OK了。另外，每月喷洒多菌灵，也能防患于未然。

一、二年生草本植物，不存在翻盆换土了。

『石竹科』

矮雪轮

Silene pendula

矮雪轮的话

植物界有个矮子村，村里的最高者30 cm，一般人20 cm，瘦得像一根铅笔。别人叫它们矮子精，它们给自己起名叫矮雪轮。如果你没有见过它，你的生活像以前一样，没有什么改变；如果你遇见了，你的麻烦就大了。它会没完没了地追问你。

“花是白的吗？”它举着白色的花瓣问。

“是的。”你说。

它双手一搓花轴，花瓣在空中旋转，飞到了别处。

“白色的花会飞吗？”

“是的。”你目寻不知飞到何处的花瓣。

“会飞的花是白色的吗，比如雪花？”

“是的。你问完了没有？”

“你错了，会飞的花不是白色的。”它从花筒里抽出粉红的花轴，双手一搓，粉红的花瓣在空中旋转，飞向了别处。

“你花筒里一共有多少根？”你问。

“这不重要，”矮雪轮说，“重要的是你不能随声附和，你要独立思考。”

矮雪轮

『石竹科』

石 竹

石竹，又名洛阳花、石柱花
学名（拉丁名）*Dianthus Chinensis*

【简介】石竹是石竹科石竹属的多年生草本植物，常作一、二年生栽培。
【原产】中国。
【特征】茎直立，有节，上部有分枝。叶对生，线状披针形，先端渐尖，基部抱茎。花单生或数朵簇生茎顶，具微香。
【花期】5～9月。
【习性】喜阳光充足、干燥、通风、凉爽的环境。为阳性植物。耐寒。耐旱。忌潮湿和水涝。

plant tips
园艺师的小叮嘱

石竹一般采用扦插法和分株法繁殖。

扦插法：在10月至翌年3月进行。从茎基平剪约10cm长的健壮枝条，去掉下部叶片，留上部2片叶，插入河沙土中，约20天生根。

分株法：在3～4月进行，从大株的根部挖出小株（不必将大株全部挖出），分盆另植。

石竹喜光，宜放在向阳处养护。石竹怕积水。夏季，每3～5天浇水1次。平时，浇水掌握不干不浇的原则，多浇水容易烂根。新株长成半月后，可摘心，促使多分枝。但分株不宜过多，否则，花朵就变小；生长期间，应及时摘除腋芽，避免消耗养分。

施肥和病虫害防治：施足基肥后，不必紧追肥。在开花30天前，略施肥1次。每月喷洒多菌灵，提前预防病虫害。若生了虫，参照《植物养护一点通——家用简易防虫法》就OK了。

一、二年生草本植物，无需翻盆换土了。

『石竹科』

石竹

Diánthus Chinensis

石竹的话

一位妈妈为了给儿子治病，不辞辛苦，每天上山挖草药。儿子渐渐长大、懂事了，央求妈妈不要再去。儿子说，我病了这么多年，喝了N多草药，治不好了。妈妈变得老态龙钟，仍然坚持上山采挖。

这天，老妈妈病了。她本该在家疗养的，但梦到自己要死了，就颤颤悠悠地爬上山。这是最后一次上山了，她期望发现新的植物。天快黑了，她没有找到。

坐在石头上，她突然泪如泉涌，呜咽着说："老天爷，我死了，我不怕。可是，我儿的病咋办呀？"

话音刚落，被泪水浇灌的石头缝挤出一株新植物，细细的枝条，枝头开着一朵小花说："老妈妈，别难过了，你儿有救了。"

老妈妈以为是幻觉。等她擦干泪水，看到旁边又开一朵小花，这才转悲为喜地说："这是新花儿！我没有见过的新花儿！"

新植物说："我叫石竹，老妈妈，你把我挖走吧。熬成水，让你儿喝，可以治他的尿床病。"

老妈妈抬起头，居然满山都是石竹花。

原来，在植物界的石竹，被老妈妈的爱心感动，甘愿来到了人间。

石竹花

『天南星科』

大叶花烛

大叶花烛，又名蜡烛花、灯台花
学名（拉丁名）*Anthurium andraeanum*

【简介】大叶花烛是天南星科花烛属的多年生草本植物。
【原产】南美洲。
【特征】株高可达1m。肉质根，无茎。叶从根颈抽出，具长柄，单生，心形，鲜绿色，纸质，叶脉凹陷。单花顶生；佛焰苞广心形，鲜红色；肉穗花序圆柱状，黄色。
【花期】夏季。
【习性】喜温暖、潮湿环境。为阴性植物。忌炎热，怕夏季阳光直射。怕冷。安全越冬不低于12℃。

plant tips
园艺师的小叮嘱

大叶花烛一般采用分株法繁殖。

分株法：结合翻盆换土时进行。选健壮的大株，先将根颈割伤，包裹青苔，待生出新根后，切离大株，另行栽植。或者，将萌蘖的子株细心地分割开来，单独分栽。切离下的子株至少有3片叶。约1年，可开花。

夏季室温不超过33℃，相对湿度不低于85%，置半阴处养护。并且，每天向叶片喷雾3次，利于降温增湿。10月至翌年3月，应当控制浇水，每5～7天浇水1次。花谢后，及时剪掉，花梗也要剪掉，以免消耗养分，等待来年开花。

施肥和病虫害防治：施足基肥外，一般不再追肥。生长期间，也可以略施薄肥1次。注意通风、换气，很少生病虫害。若叶子上生了虫，就摘除叶子，并参照《植物养护一点通——家用简易防虫法》应付就OK了。另外，每月喷洒多菌灵，也能防患于未然。

翻盆换土，每2～3年的春天进行。

大叶花烛的话

好事情像太阳似的一天天光顾，让人应接不暇、措手不及。

是运气好吧？是。也不是。“不是”之前，大叶花烛在一间黑屋子里，终年见不到日月。它一边在黑屋子里继续活着，一边寻找太阳。

这天，大叶花烛抓破墙壁，伸出鲜红的手掌。太阳走了进来，黑屋子不翼而飞。

第一天，第二天，第三天……乃至每天都保持乐观、向上的精神，最终，低头的是环境，而不是你自己。大叶花烛如是说。

『苋科』

鸡冠花

鸡冠花，别名红鸡冠、老来红、鸡公花
学名（拉丁名）*Celosia cristata*

【简介】鸡冠花是苋科青葙属的一年生草本植物。
【原产】亚洲热带。
【特征】茎直立粗壮。叶卵形至卵状披针形。穗状花序，多扁平而肥厚，顶生或腋生呈鸡冠状。
【花期】7～11月。
【习性】喜光。喜干旱，怕潮湿。喜炎热，怕寒冷。喜肥沃，怕贫瘠。为阳性植物。

plant tips
园艺师的小叮嘱

鸡冠花一般采用播种法繁殖。

播种法：在春天进行，将种子掺沙子播下，并覆盖薄薄的一层土，以看不见种子为宜。细细浇水。放在遮阳处。约6天发芽，将遮阳物去掉，等长出3片叶后，移栽到准备好的培养土里，接受足够的阳光。

在生长过程中，浇水要适量，盆内不能积水，最好用喷壶喷水。花期之前，应除去每株的侧芽，保持一株一花，使养分集中，以便顶生的花序更加壮大而美丽。

施肥和病虫害防治：生长期间不施肥，以免茎叶徒长，若侧枝茁壮，就会影响主枝发育。等到鸡冠生成后，略施薄肥1次，使鸡冠花长势更好。

偶尔有蚜虫拜访，用蒜汁对付就OK了。蚜虫最受不了蒜味儿。也可以把生了虫的叶子剪掉，或者人工捉虫，多体验几次就会有更多更好的治虫办法，还可以参照《植物养护一点通——家用简易防虫法》，另外，每月喷洒多菌灵，也能防患于未然。

一年生草本植物，不存在翻盆换土了。鸡冠花有自播能力。

『苋科』

鸡冠花

Celosia cristata

鸡冠花的话

正在值勤的鸡冠花接到儿子打来的电话。

“爸爸，你的玉碎了。”小鸡冠花说。

“你说什么？是两千年前的和氏璧——碎了吗？”鸡冠花厉声问。

“是的，爸爸。”

“你不知道它价值连城吗？啊？你是怎么搞的？！”鸡冠花气得暴跳如雷，差点电死。

“是这样的，爸爸，是一块雕刻着文字的骨头砸碎了它。”

“胡说，和氏璧在上面，那块珍贵的甲骨在下面，甲骨不会飞，怎么会砸着它？”鸡冠花大声训斥。

“哦，爸爸，事情是这样子的。红蜘蛛要来偷您的和氏璧，我站在印有蓝花的瓷罐上，取下那块骨头向它投去……”

“胡闹！它不是骨头，它是三千年前的甲骨！你知道吗？小兔崽子，你接着说！”鸡冠花气得火冒三丈，差点烧死。

“后来，印有蓝花的瓷罐像皮球一样滚动……”

“你给我听着，臭小子，它不是普通的瓷罐，它是全世界独一无二的青花瓷……”

“爸爸，青花瓷一点都不好玩儿，它带着我撞翻了香炉，火烧着了我……”

“啊，你没事儿吧？”鸡冠花问。

“是的，爸爸，大火烧光了家里的一切，包括我的头发。”

“没关系。亲爱的，只要你活着，一切的一切都可以从头再来。”鸡冠花如释重负地说。

鸡冠花

『玄参科』

蓝猪耳

蓝猪耳，又名夏堇、蝴蝶草、蓝翅蝴蝶花
学名（拉丁名）*Torenia fournieri*

【简介】蓝猪耳是玄参科蝴蝶草属的一年生草本植物。
【原产】中国、越南。
【特征】株高15～50 cm。茎直立，几乎无毛，四棱形，分枝多。叶对生，长卵形或卵形，叶缘有粗齿，无托叶。总状花序顶生或腋生，小花对生，萼绿色或边缘与顶部略带紫红色，花有白色、紫青色、紫蓝色、紫红色、粉红色等，喉部有黄色斑点。
【花期】5～12月。种子细小。
【习性】喜光。为阳性植物。耐高温，不畏酷夏烈日，极适宜阳台盆栽。花色丰富，花期长，生性强健。对土壤适应性较强，但以湿润而排水良好的中性或微碱性壤土为佳。不耐寒。

plant tips
园艺师的小叮嘱

蓝猪耳一般采用播种法和扦插法繁殖。

播种法：在4月进行，种子发芽适宜温度15～30℃。因种子细小，要掺一些细沙；一次喷透水，使种子与土壤密切贴合，不再覆土。5～7天发芽，注意适当荫阴，且保持一定湿度。待株高10 cm时，分盆另植。

扦插法：在5～8月进行，剪取长势粗壮的枝条，带2对叶子，3～5天发根，在发根前适当荫阴，发根后应除去蔽阴物，让植株逐渐接受阳光，即可健壮成长。

浇水不宜过多，每2天浇水1次，掌握见干见湿的浇水原则。在花期到来之前勤打顶，促使多分枝，多开花，更具有观赏价值。

施肥和病虫害防治：生长良好时，不必追肥。若长势不佳，可追肥1次。放在通风、向阳处，不必怎么打理，可以自然生长，灿然开花。若生了虫，参照《植物养护一点通——家用简易防虫法》应付就行了。

一年生草本植物，不需要翻盆换土了。

蓝猪耳的话

“我特别想你。昨晚，你有没有梦到我？”蓝色蓝猪耳跑来问。

“我除了让根深深扎进泥土外，就期望耳朵长大一点哦。”红色蓝猪耳答非所问。

“你的耳朵刚刚好。我常想，能够遇见你，我是何等幸运。上苍如此厚我、爱我、幸福我，有你和我一同生活在这世上，又让我们遇到，我谢谢他老人家了。”

“你谢上苍，跟我有什么关系！”

“当然有关系，上苍让我们相遇，我找到了心中的牵挂，找到了心中最温暖的角落。我总有很多很多的话要说，永远说不完。”蓝色蓝猪耳说。

“我没有梦到你，昨晚，我梦到我长了好多好多的耳朵，在听你说。”红色蓝猪耳说。

『玄参科』

金鱼草

金鱼草，又叫龙头花、龙口花、洋彩雀
学名（拉丁名）*Antirrhinum majus*

【简介】金鱼草是玄参科金鱼草属的多年生草本植物，常作一、二年生栽培。
【原产】地中海沿岸及北非。
【特征】茎基部木质化。叶片长圆状披针形，茎下部叶对生，上部叶互生。总状花序顶生，花冠筒状唇形，外被绒毛，基部膨大成囊状，上唇2裂，下唇3裂；有粉、红、黄、白、蓝、紫及复色。花状似“龙头”，因而与龙字挂上边。
【花期】3～6月。
【习性】喜光。为阳性植物。耐寒。也耐半阴。不耐酷热。适宜肥沃、疏松和排水良好的微酸性沙质壤土。

plant tips
园艺师的小叮嘱

金鱼草一般采用播种法和扦插法繁殖。

播种法：在9月进行。先将盆土浇湿，因种子细小，播种时与细沙混合。播后，稍微覆土。从播种到发芽，浇水用喷壶喷洒，避免冲积成堆。种子发芽适宜温度为20～25℃。约10天出苗。苗高6～8 cm，分盆另植。

扦插法：在春天进行。剪取健壮新芽，约6 cm长，插入到河沙土中，入土3 cm，浇水后放在蔽阴处。约10天生根。

浇水时应从盆土边沿进行，金鱼草对水分比较敏感，盆土保持湿润，但不能积水，否则根系容易腐烂，茎叶枯黄、凋萎。

施肥和病虫害防治：除施足基肥外，生长期每15天追1次肥。开花期间和冬季停止追肥。平时放在通风、向阳处，一般少生病虫害。每15天喷洒多菌灵，提前预防也是很有必要的。如有虫子光临这片风水宝地儿，参照《植物养护一点通——家用简易防虫法》就OK了。

一、二年生草本植物，不需要翻盆换土了。

『玄参科』

金鱼草

Antirrhinum majus

金鱼草的话

小金鱼住在海边，前面是高高的悬崖，后面是无边无际的大海。

每过几天，就有一只小猫从悬崖上跳下摔死。每当看到小猫纵身一跳，鱼群们在金色阳光的抚慰下，一个个笑翻了身。

小金鱼不笑，相反，每当看到小猫摔得粉身碎骨时，它都要流泪。这天，小金鱼走上岸，一步步攀爬。悬崖处的小草说，你要干什么？小金鱼说，完成我的使命。小草说，什么使命？小金鱼说，站在悬崖边，告诉每一只路过的小猫下面是大海。小草说，小猫是你的天敌，你不怕它吃你！小金鱼说，我不怕。

小金鱼继续攀爬，峭壁划破手指，鲜血滴染了小草。小草从后面追上来为它包扎。等它们爬上悬崖，小金鱼和小草都变了，小草的上半身变成了小金鱼，小金鱼的下半身变成了小草。

这就是金鱼草。

金鱼草

『鸭跖草科』

紫鸭跖草

紫鸭跖草，又叫紫叶草、紫竹梅
学名（拉丁名）*Setcreasea purpurea*

【简介】紫鸭跖草是鸭跖草科紫露草属的多年生常绿草本植物。
【原产】墨西哥。
【特征】全株深紫色，被短毛。茎细长，多分枝，伸长半蔓性，下垂或匍匐地面生长，稍肉质，节上生根。节与节之间明显，斜升。叶长椭圆形，顶端渐尖，基部抱茎，边缘具长纤毛；叶无柄，花粉红色或玫瑰紫色，花小，多数聚生枝顶的2枚叶状苞片内，花近无梗，萼片3片，离生，花瓣3片，基部微连合；雄蕊6枚。
【花期】5～9月。
【习性】喜光。为阳性植物。在强光或荫蔽处均能生长，光照强烈时则叶色呈浓紫色。

plant tips
园艺师的小叮嘱

紫鸭跖草一般采用扦插法繁殖。在春、夏、秋季均可进行。

扦插法：剪取带叶的茎枝，约10 cm长，去掉下部1～2枚叶片，直接插于盆栽的培养土中，每盆插3～4株，放蔽荫处，保持盆土湿润，在温度15～20℃条件下，约20天生根。

栽培土质选择性不严，但以疏松、保水力强的沙质土壤或腐叶土为最佳，排水需良好。全日照、半日照均理想，过度阴暗则叶色不好。

茎干稍长时要及时打顶，以促分枝，使盆中植株更加丰满。过老的植株基部的叶片枯黄，茎干光秃，可在春季结合换盆时修剪，促其萌发新枝。

施肥和病虫害防治：施足基肥后，不必急于追肥。每3个月追肥1次，冬季停止。平时放在通风、向阳处，一般少生病虫害。若生了虫，参照《植物养护一点通——家用简易防虫法》应付就行了。

翻盆换土，在每1～2年的春天进行。

『鸭跖草科』

紫鸭跖草

Setcreasea purpurea

紫鸭跖草的话

晴天丽日，两棵紫鸭跖草在聊天。

“我们永远在一起，好不好？”

“好呀。我们一起长大，一起上学，一起看电影。我们要结婚，还要生一个可爱的小宝宝，像你一样。”这棵紫鸭跖草说。

“小宝宝长大了，我们还在一起，永远在一起，好不好？”

“嗯。”这棵紫鸭跖草认真点点头，然后晃荡起脚丫，憧憬着说，“如果你想结婚，你得送我戒指。”

“好的。”那棵紫鸭跖草一手抓住这棵的脚丫。

“干嘛你？”

它把一枚紫红色的戒指套在这棵的脚丫上。树荫下，戒指散发着深沉的紫光。

“人家都是把戒指戴在手上的哦。”这棵紫鸭跖草羞得全身紫红，幽幽地像蚊子一样轻声说。

“你知道吗，最珍贵的东西往往藏在最深处，像我的心。”

这棵紫鸭跖草不以为然，故意把脚丫伸在阳光下。那枚戒指闪着透明的紫光。

“我很喜欢你！”那棵说，“我希望你永远快乐和幸福。”

“当然啦，我的快乐和幸福，要让全世界人知道。”说完，这棵紫鸭跖草翘起脚丫跑了。

紫鸭跖草

『鸭跖草科』

紫露草

紫露草，又名美洲鸭跖草
学名（拉丁名）*Lobelia erinus*

【简介】紫露草是鸭跖草科紫露草属的多年生常绿草本植物。
【原产】南、北美洲。
【特征】茎直立，多弯曲，圆柱形，苍绿色，光滑。叶广线形，苍绿或淡绿色，稍被白粉，叶面内折，基部鞘状。花多朵簇生枝顶，由线状披针形苞片所包被；花蓝紫色，花萼淡绿色，花瓣近圆形。
【花期】4～7月。
【习性】喜光。耐半阴。较耐瘠薄土壤。耐寒。

plant tips
园艺师的小叮嘱

紫露草一般采用分株法和扦插法繁殖。在春、夏、秋季均可进行。

分株法：结合翻盆换土时进行。将大株分出3～4根为一丛，另外栽植。

扦插法：选取主茎腋处生的侧枝约15 cm长，插入河沙土中，插枝节节生根，极易成活。约15天生根后，分盆另植。

紫露草喜水，喜肥，喜阳光。盆栽保证充足的光照条件，否则容易闭花或徒长倒伏，茎稀叶少，失去光泽；但在夏季遭到强光直射时，就会灼伤叶片。因此，应将花盆悬挂在中午不受阳光直射的阳台，或窗前，或廊檐下面。

春、秋季，每2～3天浇水1次；夏季，每天向叶面喷水1～2次，增加空气湿度，并且在早晨或傍晚温度低时进行；冬季减少浇水量。

花期过后应适当修剪，修去植株距地面20 cm以上的部分，促其二次开花。

施肥和病虫害防治：除施足基肥外，每15天追肥1次。冬季停止施肥。放在通风、向阳处，一般少生病虫害。若生了虫，参照《植物养护一点通——家用简易防虫法》应付就行了。

翻盆换土，每1～2年的春天进行。

紫露草的话

“你知道露水掉下来是几个瓣吗？”紫露草问。
“不知道。”你说。
“露水掉下来三个瓣。”
“不对，露水是一个球形的水珠，掉在地面是一个圆。”你后发制人地说。
“掉在地面是一个圆，掉下来是三个瓣。”
“你在抬杠吗？掉在地面和掉下来有什么不同？”你生气了，不喜欢有人与你意见相左。
“露水掉下来，正好被紫露草花接住，不就成了三个瓣吗？”它指着花瓣，沿着边角画一个圆，有几分得意地说，“花瓣接不住的，掉在了地面。那么，掉在地面的还是一个圆吗！”
“……”你无语了。

『猪笼草科』

猪笼草

猪笼草，又名猪仔笼
学名（拉丁名）*Nepenthes mirabilis*

【简介】猪笼草是猪笼草科猪笼草属的多年生常绿草本或半木质化藤本植物。

【原产】中国、菲律宾、马来半岛至澳大利亚北部。

【特征】食虫植物。附生性；茎平卧或攀缘。叶互生，长椭圆形，全缘，中脉延长为卷须，末端有一小瓶状叶笼，中空，近圆筒形瓶状；瓶口边缘厚，上有小盖；成长时盖张开，不能再闭合；笼色以绿色为主，有褐色或红色的斑点和条纹，甚美。雌雄异株，总状花序。

【习性】喜高温、高湿和稍阴环境。安全越冬不低于10℃。

plant tips
园艺师的小叮嘱

猪笼草一般采用扦插法、压条法和分株法繁殖。

扦插法：在5～6月进行。选取健壮枝条，带有2～3个节为插条，叶片剪去一半，基部斜剪，用水苔将基部包扎，放进盛水苔和盆底垫小卵石的盆内，并用塑料袋连盆和插条包起来，保持100%空气湿度。约20天生根。

压条法：将生长的枝条在叶腋的下部割伤，用水苔包扎，待生根后剪切，另外盆栽。

分株法：大株上分出小芽，将小芽从大株上分离，另外盆植。

幼苗一般栽培3年才能产生叶笼。

猪笼草长成后，经常喷水，每天浇水4次。如外出3天不浇水，小笼子就枯萎了，这时，用盆底浸水法可以保持盆土水分和空气湿度。具体方法是：把花盆泡在2 cm水深的大盆里，第三天回来，花盆放在阳光下。

阳光充足，有利于叶笼的生长发育。春、秋、冬季，可放在明亮的窗前和阳台上；夏季，略遮阳。

为了增加空气湿度，让猪笼草多结笼子，可以在洗澡的时候，顺便把花盆放进去“沐浴”。

施肥和病虫害防治：无需施肥，尤其对初养者来说。适肥不当，反倒弄巧成拙。基本上没什么病虫害，猪笼草有捕虫能力。

翻盆换土，在每年早春进行。

『猪笼草科』

猪笼草

Nepenthes mirabilis

猪笼草的话

每个人都有自己的心事儿，有时候憋屈得难受，不过，你有办法，随手打开一个本子，胡乱写两下，然后把它放进单肩包就OK了。单肩包帮你背心事儿。你冲它轻松一笑，露出晚霞般的目光——柔和而迷人。

猪笼草也有心事儿，却不知该怎么办。它每次都羡慕而冷静地看着你的单肩包。

一个月后，猪笼草有了自己的单肩包。这天，它冲单肩包轻松一笑，露出晚霞般的目光——柔和而迷人。它把心事儿放进了单肩包，比如你为什么不理我？你明天是否有空儿？我们啥时候月下散步，或者海边谈心等等。这些事儿，它不想让人知道，就像你单肩包里的那些字儿。可是，总有人好奇，特别是虫子，它们的窥视欲超越了地球人的总和。

第一只虫子因为好奇，跳进包里，偷看猪笼草珍藏的心事儿；第二只虫子的好奇心更重了，那单肩包里有什么？为什么老大不出来？于是，第二只虫子跳进包里。好多天过去了，虫子们相继跳进去，没有一只爬出来。

干好自己的事儿，不要对别人的隐私好奇。猪笼草说。

猪笼草

『紫茉莉科』

三角花

三角花，又名叶子花、三角梅、九重葛
学名（拉丁名）*Bougainvillea spectabilis*

【简介】三角花是紫茉莉科三角花属的常绿攀缘灌木。
【原产】巴西。
【特征】枝具刺，拱形下垂。单叶互生，卵形或卵状披针形，全缘，有柄，叶面深绿色；枝、叶、花均生柔毛。花顶生，常3朵簇生于3片大而红的叶状苞片内，花总梗与苞片中脉合生；管状。
【花期】4～11月。
【习性】喜光。喜温暖、湿润环境。为阳性植物。耐贫瘠、干旱。忌积水。不耐寒。15℃以上方可开花。安全越冬不低于3℃。

plant tips
园艺师的小叮嘱

三角花一般采用扦插法和空中压条法繁殖。

扦插法：在5～7月进行，剪当年的新枝（不用老枝）12～15 cm长，两头斜剪。留两枚叶子，并且剪去一半（把整叶剪成半片）。叶子斜剪。之后，插入河沙土中。一次浇透水，保持湿润。约2个月生根。分盆栽植。

空中压条法：在6～8月进行，选取细长枝条，将下部轻轻刻伤，压入另外的盆土中，覆土10 cm深，上面压砖块，防止枝条弹起。约2个月生根，后剪离大株，分盆栽植。

对于夏季扦插的枝条来说，每天浇水2次，最好是早晨8点和下午4点。

新株长成后，夏季，每2天浇水1次；花谢后，减少浇水量。冬季应当控制浇水，做到不干不浇或者每半月浇水1次。冬季进行修剪，把重叠枝、交叉枝、病虫枝全部剪掉。

施肥和病虫害防治：每月施肥1次。冬季停止施肥。平时放在通风、见光处，一般很少生病虫害。每月喷洒多菌灵，提前预防是很必要的。如有蚜虫光临这片风水宝地儿，用蒜汁对付就OK了。蚜虫最受不了蒜味儿。还可以把生了虫的叶子剪掉，或者人工捉虫，多体验几次就会有更多更好的治虫办法。另外参照《植物养护一点通——家用简易防虫法》也能解决这个问题。

翻盆换土，在每2～3年的春天进行。

『紫茉莉科』

三角花

Bougainvillea spectabilis

三角花的话

呵护孩子，是人的行为和心理。让孩子骑到大人脖子上，做梦都把他（她）搂在心窝。这并非人的专例，在植物界，也不乏此举，比如三角花。

三角花的宝宝要降生了。大家怀着无比期待，繁忙地思考同一个问题：小宝宝第一眼看到谁？

绿叶想，当然是我。太阳刺眼，我为它挡住强烈的光线。无论任何时候，谁来侵犯，我都会挺身而出。因为我是它的爸爸，是它让平凡的我有了人生第一次升级。

柔软而弯弯的枝条想，当然是我。我准备好了小刺儿，无论谁来吵闹，让它睡不好，我都会锋芒毕露。因为我是它爷爷呀，是它让平凡的我有了人生第二次晋级。

随着一声啼哭，小宝宝降生了。它睁开圆圆的眼睛，第一眼看到的是一座三棱锥的房子，底面向外畅开，既可以遮阳，又可以挡风，还可以看到外面的风景。

原来是三角花妈妈把躯体扭成了三部分，用脊背、四肢和头堆成一个三棱锥体，进而造就一座房子，呵护心爱的小宝宝。

三角花

『紫葳科』

凌 霄

凌霄，别名紫葳
学名（拉丁名）*Campsis grandiflora*

【简介】凌霄是紫葳科凌霄属的落叶木质藤本植物。
【原产】中国、朝鲜、日本。
【特征】以气生根，攀援他物向上生长，高达20 m，故而得名。树皮灰褐色，具纵裂沟纹。奇数羽状复叶对生，小叶有7～9枚，卵形至卵状披针形，两面无毛，边缘具粗齿。顶生聚伞圆锥花序，花萼钟状，花冠钟状漏斗形，内面橙红色，外面橙黄色。
【花期】5～9月。
【习性】喜光。为阳性植物。耐寒，耐干旱。忌积水。

plant tips
园艺师的小叮嘱

凌霄一般采用扦插法和空中压条法繁殖。

扦插法：在春天进行。剪取健壮的枝条10～15 cm长，插入河沙土中。约20天生根，极易成活。

空中压条法：在5月进行。因其节节生根，压条成活更为简便。从大株上选取一段枝条埋入另一盆土中，约50天生根，剪下另植。

上盆后，一次浇透水。生长期浇水，应保持盆土偏湿润；深秋至翌春的萌芽前是休眠期，盆土以偏干为好。

施肥和病虫害防治：每月追肥1次，冬季停止。每月喷洒多菌灵，提前预防病虫害。凌霄很少生虫，偶尔会生蚜虫。若见了蚜虫，用蒜汁对付就可以了。蒜汁是蚜虫的“天敌”，它最受不了这个味儿。

翻盆换土，在每2～3年的春天进行。

凌霄的话

爱光明，甚至爱另一半黑暗；
爱一只小鸟飞过不留痕，爱一朵小花开过不留音。
爱生命，甚至爱另一半死亡；
爱月光下的每一幕幻影，爱晨间的每一丝游动的风。
爱爱情，甚至爱另一半绝望；
爱你的每一段文字和构想，爱每一回脸红。
爱欢笑，甚至爱另一半忧伤；
爱你的嗓音在仓促的空气中颤抖，爱每一次缄默不语。
爱相聚，甚至爱另一半分离；
爱守在夜里的每颗星星，爱走在路上的唯一的太阳……

生于地面、长于空中的凌霄，时而像一个历经沧桑的睿智老人，望着某处侃侃而谈，时而像一个天真烂漫的幼稚孩童，旁若无人自言自语。

花言草语

HUA YAN CAO YU

【观叶类植物】

吊兰

芦荟

天门冬

条纹十二卷

文竹

一叶兰

……

LEAF

『百合科』

芦 荟

芦荟，别名油葱、狼牙掌
学名（拉丁名）*Aloe baradersis*

【简介】芦荟是百合科芦荟属的多年生常绿草本植物。
【原产】印度及南非。
【特征】叶片呈莲座状排列，肥厚多汁，边缘有刺状小齿。总状花序，花冠筒状，橙黄色或具红色斑点。同属植物200多种。
【习性】耐干旱，耐半阴。喜光。要求疏松、排水良好的沙质壤土。安全越冬不低于5℃。

plant tips
园艺师的小叮嘱

芦荟的同属植物虽然很多，但在繁殖及养护上大同小异，异到几乎不异的地步。

芦荟一般采用扦插法和分株法繁殖，在春天或秋天进行。

扦插法：从根部剪取10～15 cm的顶芽或侧芽，在阴凉处放1～2天，待切口略干后，把它插入培养土内，保持土壤稍湿润，约20天生根。

分株法：将大株根部萌发的侧蘖掰掉，充分晾干，等待下端的伤口愈合后，分盆另植。

芦荟虽然是百合科的，却像仙人掌科的植物一样，特别耐干旱，怕积水。新株上盆，要控制浇水，除夏季每天浇水1次外，春、秋、冬季，每10天浇水1次。盆土以偏干为好。

施肥和病虫害防治：施足基肥后，平时不追肥。每3个月喷1次多菌灵，提前预防病虫害。

翻盆换土，在每年的春天进行。

芦荟的话

都市人生活节奏快，时间不够用。芦荟心知肚明。它不仅自己勤奋生长，而且几乎不需要管理。为了给你腾出更多时间，它除了冬季怕冷，恳请搬到阳台或窗口的向阳处外，并无过分要求。

有文字资料说，芦荟可以美容。这么说，芦荟应该是内秀的，可以让人日久生美的。美容方法超级简单——长时间凝眸，女人变得西施一般貌美，不必“主动型自虐”地拍打无辜的小脸蛋，强迫护肤水入肤；男人则变得潘安一样容颜，一旦家里断了水果，不用超市购物，只要大大方方出趟门，必定“掷果盈车”而归。

美容吧，期待着。

『百合科』

吊兰

吊兰，又名挂兰
学名（拉丁名）*Chlorophytum comosum*

【简介】吊兰是百合科吊兰属的多年生常绿草本植物。

【原产】非洲南部。

【特征】具粗根状的茎。叶基成丛，叶片条形至条状披针形，狭长，柔韧似兰；从叶丛中抽出新的匍匐茎，匍匐茎先端节上常滋生带根的小植株，下垂生长，故名吊兰。花茎细长，高出叶面，总状花序，小花白色。同属植物200多种，本图为金边吊兰。

【习性】喜温暖、湿润环境。安放半阴处生长，忌夏季阳光直射。在15～25℃下生长迅速，安全越冬不低于5℃。

plant tips
园艺师的小叮嘱

吊兰一般采用扦插法和分株法繁殖。

扦插法：全年任何时候都可进行。剪取匍匐茎上的小植株，插入消毒过的河沙土（如无特别说明，本书的河沙土均指消毒过的）中，一次浇透水，即水从盆底渗出为止。吊兰极易成活。约7天生根，成为新株，放阴凉处养护。我常常觉得吊兰的可贵之处就在于此。

分株法：结合春天翻盆换土时进行。将整株从盆内托出，磕掉陈土，剪去朽根，将大株从根部切开，要尽可能少伤根、少伤茎，然后分栽上盆。一次浇透水后，放阴凉处养护。

吊兰最怕积水。它是圆柱状的白色肉质根。水多了，根部会发黑，轻轻拎起一片叶子就掉了。所以，浇水应当特别注意——若放在室内，每10天浇水1次；若放在阳台，每5～7天浇水1次。

介壳虫的体外被有蜡质介壳，故名介壳虫。它的卵通常埋在蜡丝块中、雌虫体下或雌虫分泌的介壳下。雄虫有翅，能飞，足和触角发达，无口器；雌虫无翅，而且足和独角均退化，和幼虫一经羽化，终生寄居在枝叶或果实上，造成植物的叶片发黄、枝梢枯萎等，容易诱发煤烟病。

如介壳虫光临，建议采用手工捉虫法清除，或者参照《植物养护一点通——家用简易防虫法》就OK了。

翻盆换土，在每年的春天进行。翻盆时将老土磕掉，换上新的腐叶土。

『百合科』

吊 兰

Chlorophytum comosum

吊兰的话

午后的阳光，恣意而慵懒，把偌大的庭院照得万籁俱静。忽闻风携蝉鸣来，吊兰喷涌而出，纷披下挂。一线飞斜的茎头，“燃”起一丛绿色火苗，好似礼花打了结，星光四射。

“你喜欢放礼花？”你问。

吊兰笑而不语。

“你喜欢走钢丝？”

吊兰笑而不语。它每向前走一段，就停下来挽个结。这些结又像一只只展翅跳跃的仙鹤，故而，又有“折鹤兰”的雅号。

“哦，我知道了，你在耍酷变仙鹤。”你恍然大悟。

“我哪有时间耍酷呀，”吊兰停下来说，“我是一名普通的清洁工，每天帮你清理垃圾。”

“你？你帮我清理什么垃圾？”你环顾四下。

“空气中的。难道你没听说我是一台绿色净化器吗？！”说完，吊兰继续向前清扫。

吊兰

『百合科』

天门冬

天门冬，又叫武竹、天冬草
学名（拉丁名）*Asparagus cochinchinensis*

【简介】天门冬是百合科天门冬属的多年生常绿草本植物。
【原产】非洲南部。
【特征】纺锤状的肉质块根，白色半透明，内含大量水分，可以药用。茎丛生成拱形而下垂，表面光滑，绿色，分枝力强。叶退化呈鳞片状或刺状，着生在茎节处，极不明显。“针状叶”是由小枝变态而成，簇生。“针状叶”扁平、线形，绿色至灰绿色，直伸或略弯，先端渐尖，密布聚生在枝蔓上。总状花序。小花淡红色或白色，1～3朵簇生，有香气。
【花期】5～6月。
【果期】10～12月。
【习性】喜光。喜温暖、湿润环境。耐干旱。耐瘠薄。安全越冬0℃以上。

plant tips
园艺师的小叮嘱

天门冬一般采用播种法和分株法繁殖。

播种法：冬季采种，春季播种。在排水良好的河沙土上播种，再薄薄覆盖一层土。一次浇透水，即水从盆底渗出为止。每天浇水2次，约10天出苗。苗高10～15cm时，分栽上盆。

分株法：一年四季均可。选取2年生以上的大株，从根部切分出小丛，将上面的老苗剪掉，分栽上盆后，置半阴处养护。

夏季，每天浇水1次，春、秋、冬季，每3天浇水1次。

天门冬性格泼辣，对土壤要求不严，随便怎么养都可以活。

施肥和病虫害防治：施足基肥后，不必再追肥。如通风不畅，天门冬偶生介壳虫。对付虫子，采用手工捉虫法清除，或者参照《植物养护一点通——家用简易防虫法》就OK了。

翻盆换土，在每年春天进行。

『百合科』

天门冬

Asparagus cochinchinensis

天门冬的话

结婚是人生最浪漫的事。它结束了一个人形单影只的流浪生活，开始和另一个人一起慢慢变老。

婚庆当天，鲜花是必不可少的。玫瑰毫无悬念地成为主角儿。另一主角儿正在物色中。

植物们跃跃欲试，像小学生竞选班长，天门冬也加入了竞选的行列。

"其一，结婚是浪漫的，婚后生活是平淡的。平淡的生活需要真挚的韧劲来支撑，而天门冬具有这股韧劲。其二，孩子是两人生命的延续。爱护并教育孩子是新郎新娘以后的责任。天门冬具备这种积极乐观、勇于承担的责任感。其三，在家庭生活中，总有人不求回报、默默付出。你繁忙也好，粗心也好，天门冬都不怪你，天门冬是心甘情愿而又默默关爱你的植物。这种完全不求回报的情感，进化成父爱或母爱……"

不等天门冬说完，它成了婚庆中的第二主角儿，被人们戏称为结婚草。

天门冬

『百合科』

条纹十二卷

条纹十二卷，又叫十二卷、锦鸡尾、蛇尾兰
学名（拉丁名）*Haworthia fasciata*

【简介】条纹十二卷是百合科十二卷属的多年生常绿草本植物。
【原产】非洲南部。
【特征】肉质叶排列成莲座状，无茎，簇生；每单叶是三角状披针形，先端细尖呈剑形，叶面平滑，绿色，背部突起白色的横状条纹。总状花序，小花绿白色。
【习性】喜排水良好的沙质壤土。耐阴。耐旱。耐贫瘠。不耐寒，冬季放在室内的光照处。

plant tips
园艺师的小叮嘱

条纹十二卷一般采用扦插法和分株法繁殖。

扦插法：在5~6月进行，将肉质叶片切下，基部带有半木质化的部分，插于河沙土中，约20天生根。

分株法：全年都可进行，把大株周围分蘖的幼株剥下，直接盆栽。

条纹十二卷要求小盆栽植，土壤疏松为最好，便于渗水。浇水不必勤恳，干时浇水，不干不浇。

施肥和病虫害防治：施足基肥外，一般不追肥。它生长慢，几乎没有什么病虫害。

翻盆换土，在每年春天进行。

『百合科』

条纹十二卷

Haworthia fasciata

条纹十二卷的话

条纹十二卷是既便懒得张口吃饭的人也能养活的植物。它小巧如孩童般可爱，深绿的立体叶片上涂抹一排排的白胡须，摇摇摆摆走到你面前。

“咱俩玩猜谜游戏，好不？”你说。

“好的。”条纹十二卷说，“你先来。”

“年纪并不大，胡子一大把，不论遇见谁，总爱喊妈妈。”你看着它的白胡须，联想到某种动物。

“有这么糊涂的人？”条纹十二卷问，“不分男女老幼，逮谁都喊妈妈？”

“打一动物。”

“哦，世上没有糊涂人，也没有糊涂植物，动物例外。”

“猜谜底吧。”

“不用猜，除了糊里糊涂的山羊，还会是谁。现在，该我出谜面了。”条纹十二卷说，“高高一座山，山头尖又尖，穿件绿棉袄，坐在云中间。打一植物。”

“松树。”

“不对。”

“就是松树。”

“就是不对。”

“你说是什么？”

“这还用我说吗？你真是个糊涂虫！你没有看出来？”条纹十二卷数着身上的白胡须，“一、二、三……一共12条白云彩呢！”

条纹十二卷

『百合科』

文竹

文竹，别名云片竹
学名（拉丁名）*Asparagus plumosus*

【简介】文竹是百合科天门冬属的多年生常绿草本植物。
【原产】南非。
【特征】茎细长，丛生，具攀缘性。枝和叶纤细如羽毛状，水平展开，叶小，成刺状鳞片。
【习性】喜温暖、湿润环境。喜半阴。不耐寒，不耐旱。要求土层深厚、排水良好的沙质壤土。

plant tips
园艺师的小叮嘱

文竹一般采用分株法繁殖。

分株法：选取4～5年生的大株，在春季翻盆换土时进行。将大株从根部掰开或切开，尽量不伤茎，不伤根，另植盆中。一次浇透水，即水从盆底渗出为止。

文竹是喜阴植物，在散光下生长良好。害怕夏季阳光直射，应置遮阳棚下，保持盆土湿润。浇水不宜过多，水多了，叶子易变黄。春、夏、秋季，每3天浇水1次；并且，夏季，每天向叶面喷水；入冬后，减少浇水量。

施肥和病虫害防治：尽量少施肥，肥多叶子容易脱落，每2月追薄肥1次，入冬后停止。施肥施到根部，不要沾到叶子上。如不小心沾到叶子，用清水喷洒。每次施肥过后，都要一次浇透水。

文竹偶生蚜虫。蚜虫的活动场地是叶片，主要是为了刺吸汁液，汲取营养。被刺吸的叶片容易脱落。对付蚜虫，用烟灰或蒜汁就足够了，尤其是蒜汁，蚜虫最受不了这个味儿。从此，就是给它送鲜红的大请帖，它都不再光临。

翻盆换土，在每年春天进行。

文竹的话

文竹是柔弱的、文静的；因为自小生成的柔弱性情，长大后的它，越发显得轻盈、秀丽。

文竹“以己度人”地认为这是一个柔弱的世界，并以缜密的头脑编织一羽羽绿色的梦幻。这一羽又一羽的梦幻，时而薄如蝉翼，时而重峦叠嶂；轻轻挽在黑色而富有光泽的叶柄上。使它整体看上去浓密、柔软，恰如“少女的发丝”。

因此，当文竹置于案头，它蕴含的语言是：温柔如我心，缜密如我思！

『百合科』

一叶兰

一叶兰，别名蜘蛛抱蛋
学名（拉丁名）*Aspidistra elatior*

【简介】一叶兰是百合科蜘蛛抱蛋属的多年生常绿草本植物。
【原产】中国。
【特征】根状的茎粗壮，匍匐。叶基生，质硬，基部狭窄形成沟状的长叶柄。花单生短梗上，紧附土面，是乳黄至褐紫色。
【花期】春季。
【习性】喜温暖、湿润环境。耐贫瘠。耐阴。安全越冬不低于5℃。

plant tips
园艺师的小叮嘱

一叶兰一般采用分株法繁殖，在春季或秋季进行。

分株法：将植株翻盆扣出，扒出老根，剪掉老根枯叶，每5叶为一丛，另植盆中。

春、夏季是一叶兰的生长旺季，需要充足的水分和比较高的空气湿度，所以，应每天浇水1次，并喷水1次；冬季减少浇水量，适当向叶面喷水。

夏季放阴凉处，以免叶片发黄、灼伤。春季生出新叶时，置光线充足处，阳光直射也无妨，在如此环境下生长的叶子宽大、纤长而浓绿。

施肥和病虫害防治：生长旺季，约20天略施薄肥1次。如果室内通风不畅，一叶兰会生介壳虫。若生了虫，采用手工捉虫法清除，或者参照《植物养护一点通——家用简易防虫法》就OK了。另外，室内盆栽植物，大都应放置通风处养护，避免虫子侵扰；夏季高温，喷洒多菌灵，提前预防病虫害是很有必要的。

翻盆换土，在每2～3年的春天进行。

一叶兰的话

一片绿叶，顶天立地，不与他叶争茎干，名符其实的一叶兰。

这片叶傲然直立在一块石头根上，这块石头貌似蜘蛛，似显非显，似露非露。细看那似露非露处，竟然站着一个侏儒小小人。小小人太矮，矮得如同伏在土面，头上举着小小花，小小花结出小小果，小小果虽然小得几乎看不见，却是油光发亮，貌似蜘蛛产下的卵，所以，一叶兰又叫蜘蛛抱蛋。

这俩中国名字都无比形象地表达了它的个性——独根成丛。

一叶兰守在你身边，顶天立地而沉默有声：你就是你，你永远是最独特的一个！

『唇形科』

彩叶草

彩叶草，别名洋紫苏、锦紫苏
学名（拉丁名）*Coleus blumei*

【简介】彩叶草是唇形科鞘蕊花属的多年生草本植物，常作一、二年生栽培。
【原产】印度尼西亚。
【特征】茎直立，少分枝，茎四棱。叶对生，卵形，先端渐尖或有尖尾，边缘有齿，叶面绿色，具黄、红、紫等斑纹。总状花序顶生，有分枝，花小，淡蓝色或白色。
【花期】8～9月。
【习性】喜光。喜温暖、湿润环境。耐半阴。不耐严寒。安全越冬不低于5℃。

plant tips
园艺师的小叮嘱

彩叶草一般采用扦插法和播种法繁殖。

扦插法：在5～6月进行，选取色彩鲜艳的优良大株，剪一段枝条，约10 cm长，去掉下端的叶片，插到河沙土中，在阴凉处养护。保持盆土湿润。约10天可以生根。

播种法：种子成熟时及时采摘，等来年的3～4月进行盆播，因种子很小，浇水要细，或者用少量水浸盆即可。

新株长成后，经常给叶面喷水，增加空气湿度。彩叶草对水和肥的需求量少，平时要注意摘心，促使萌发侧枝，使观叶效果更佳。花序出现时，如不留种，应当摘除。冬季，减少浇水量，盆土宜偏干。

施肥和病虫害防治：每月施肥1次。若通风不畅，彩叶草偶生红蜘蛛。红蜘蛛是那种长得细小，貌似蜘蛛的红色小虫。它在叶片背面刺吸汁液，被害的地方出现灰白色的小点。

若生了虫，采用手工捉虫法清除，或者参照《植物养护一点通——家用简易防虫法》就OK了。另外，每月喷洒多菌灵，也能起到提前预防病虫害的效果。

翻盆换土，在每年春天进行。

彩叶草的话

生活容易重复，比如起床的时间，单位里面对的同事，几乎一成不变的工作，甚至一日三餐的饭食……你看上去很忙碌，说到底仍然是重复的。

和你同居一宅的彩叶草，虽然旁观者清，可不知道怎么告诉你。情急之下，它一改往日的端庄，率性而舞。刹那间，色彩斑斓的衣袂，随之摇曳而飘扬，几乎眩晕了你的双眼。

这时，彩叶草委婉地说，亲爱的，生活还可以这样过。

『唇形科』

活血丹

活血丹，别名佛耳草、金钱草
学名 *Glechoma longituba*

【简介】活血丹是唇形科活血丹属的多年生草本植物。
【原产】中国、前苏联、朝鲜。
【特征】具匍匐茎，上升，逐节生根，茎四棱，基部常淡紫红色。叶对生，心形或肾形，缘有钝齿，叶柄长，为叶片的2倍，叶下面常带紫色。轮伞花序，花少，苞片刺芒状，花萼筒状，有5齿，花冠2唇形，淡蓝色至紫色，下唇具深色斑点。
【花期】4～5月。
【习性】凡在湿润之地均可生长。

plant tips
园艺师的小叮嘱

活血丹一般采用扦插法繁殖。

扦插法：在3～4月进行，将匍匐茎剪下，有3～4节成一段作插条。在事先备好的营养土里浅埋，入土2～3节，栽后轻轻压实，一次浇透水。

每2天浇水1次，促使生根成活。管理极其粗放。

施肥和病虫害防治：施足基肥后，不再追加。活血丹一般很少生病虫害。若生了虫，参照《植物养护一点通——家用简易防虫法》就可以了。

翻盆换土，在每2年的春天进行。

活血丹的话

草有茎兮茎有根，心悦君兮君不知！

每天看到你，活血丹有了异样的感觉。它茂密地扎根，茂密地生长。它说，我要快点长，快点长，最好能给你一个意外。几天后，它果然长长了。你看着它纤纤细细的叶柄说，好可爱的胳膊哟。

听到这话，活血丹像注射了一剂植物强生素，更加繁茂地扎根，繁茂地生长。它说，我要快点长，快点长，最好能亲吻到你的额头。几天后，它的根茎果然又长长了，像秋千上垂曳的绿丝带，明明有心，却貌似无心地亲吻到你的额头。

因为你的关注，我的生命从无意义变得有了意义。活血丹说。

『唇形科』

特丽莎香茶菜

特丽莎香茶菜，别名梦幻紫、紫凤凰、梦娜薰衣草
学名（拉丁名）*Plectranthus* 'Mona Lavender'

【简介】特丽莎香茶菜是唇形科香茶菜属的多年生常绿草本植物。
【原产】南非。
【特征】叶对生，卵圆形至披针形，边缘有齿；叶正面深绿色，背面深紫色。花紫蓝色，有芳香，可驱蚊。是南非植物园于1990年培育出来的杂交种。
【习性】喜光。耐热，耐高温。耐寒。耐阴。

plant tips
园艺师的小叮嘱

特丽莎香茶菜一般采用扦插法繁殖。

扦插法：选择健壮的枝条，剪取5～8 cm长，插到进行消毒过的河沙土中，一次浇透水，10～15天生根。

成为新株后，浇水要掌握土面不干不浇水，浇则浇透水的原则。春、秋季，每3～5天浇水1次；夏季，每2天浇水1次；冬天减少浇水量，并且浇水周期要延长。花期过后，注意修剪残枝。

施肥和病虫害防治：施足基肥后，一般不再追肥。每月喷洒多菌灵，提前预防病虫害。平时放在通风、向阳处，有利于植株健壮生长。若生了虫，采用手工捉虫法清除，或者参照《植物养护一点通——家用简易防虫法》对付就OK了。

翻盆换土，在每年的春天进行。

『唇形科』

特丽莎香茶菜

Plectranthus 'Mona Lavender'

特丽莎香茶菜的话

因为长相，而被人乱起名，生活中比比皆是。如果你胖，别人叫你“胖墩”、“小水缸”；如果你瘦，别人喊你“麻秆”、“排骨”；如果你脸蛋上有黑斑或者小痣，别人叫你“满天星”、“黑豆豆”；如果你的牙黄，就糟糕了，别人叫你“黄牙”、“大黄牙”；如果你近视了戴眼镜，别人叫你“四饼”……

这种烦人的经历，特丽莎香茶菜也遇到过。它被人载着，满街叫卖。

“这墨绿的植物叫什么？”路人甲问。

“吸毒草。”售花人说。

“难怪长得这么黑！”路人乙说。

“有点香。”路人丙说。

“我喜欢漂亮的外貌，有没有香气倒是无所谓的。”路人丁说。

“吸毒草放在室内，毒气照样跑不了，最后还是与主人共享。”路人戊说。

“谁说我是吸毒草了？我告你说，我压根不是吸毒草，更不会把毒气传给主人！”特丽莎香茶菜在沉默中爆发，一下子炸出许多紫色的花瓣。

“这么黑的叶子，不是吸毒草是什么！”又过来一个路人说。

特丽莎香茶菜到了百喙莫辩的地步，它无助地看着别处。原本希望行人纠正售花人，它的名字叫特丽莎香茶菜，是驱蚊的，现在……

没治了。因为长得帅，就随便给我乱起名。特丽莎香茶菜无奈地说。

特丽莎香茶菜

『番杏科』

雷 童

雷童，又叫刺叶露子花
学名（拉丁名）*Delosperma echinatum*

【简介】雷童是番杏科露子花属的多年生常绿草本植物。
【原产】南非。
【特征】二歧分枝，小枝灰褐或浅褐色。叶片肉质，卵圆状半球形，暗绿色，具刺状小突起。花单生，具短梗，有白或黄色。
【花期】全年开花。
【习性】喜光。耐旱。安全越冬不低于5℃。

plant tips
园艺师的小叮嘱

雷童一般采用扦插法繁殖。

扦插法：从大株上剪取一段，插入盆土中。一次浇透水，放置见光处，一周后即可生根。

平时浇水不宜过多，保持盆土稍干燥。如枝条过密，应及时修剪。

施肥和病虫害防治：施足基肥后，不再追肥。放置通风、向阳处，很少生病虫害。偶有虫子光临这片风水宝地儿，参照《植物养护一点通——家用简易防虫法》就OK了。另外，每月喷洒多菌灵，也能防患于未然。

翻盆换土，在每年春天进行。

雷童的话

雷童是一个小不点，出生在雷公家里。

提起雷公，让人闻风丧胆。雷公的脾气很坏，动辄就吼声阵阵，但他是个大孝子，最见不得谁家子女不孝。有一次，雷童劝他，又不是你的子女，不碍你吃，不碍你喝，你干嘛大动肝火。雷公龇牙咧嘴一笑说，呵呵呵，我知道了。雷公这么一笑，比大吼一声还恐惧，害得人浑身起鸡皮疙瘩。

古语说“近朱者赤，近墨者黑”，再加上遗传基因的缘故，雷童也染上了好事的遗风。每每遇到妖怪，雷童用不着吼声阵阵，只要显摆一下皮肤上的小疙瘩就可以了，最多像电母一样，闪一朵金黄色的光，妖怪就吓得抱头鼠窜。

你放心，有我在，妖怪不敢来。雷童说。

『花荵科』

丛生福禄考

丛生福禄考，又名芝樱
学名（拉丁名）*Phlox subulata*

【简介】丛生福禄考是花荵科福禄考属的多年生常绿草本植物。

【原产】北美。

【特征】茎匍匐丛生。叶对生，线状至钻形。花多数密生，聚伞花序顶生，有紫红色、白色、紫檀色或粉红色；花冠裂片有浅凹；具微香。第一次花期4～5月，第二次花期8～9月，延至12月还有零星小花陆续开放。丛生福禄考的绿叶和花期都比较长，可作观叶类植物，也可为赏花类植物。

【习性】喜光。生长强健，不择土壤，但以石灰质土壤为佳，最适宜生长。在半阴处也能开花。耐旱。耐寒。耐热。在－8℃时仍然常绿，可耐－35℃低温，抗42℃高温。忌水涝。

plant tips
园艺师的小叮嘱

丛生福禄考一般采用分株法和扦插法繁殖。

分株法：在春天或秋天进行。将大株翻盆扣出或挖出，除去根部周围的泥土，可见一丛丛独立的株丝，用刀切割每一独立的株丝，成为新株。栽后将土压实，一次浇透水，3天后再浇水1次，新株在7天后松土1次，即可进入正常养护。

扦插法：在秋天进行。选择健壮的枝条，剪取6～9 cm长，插到进行消毒过的河沙土中，10～15天生根。

浇水以偏干为好。春、秋季，每5～7天浇水1次；夏季，每3～5天浇水1次；冬天减少浇水量，并且浇水周期要延长。花期过后，注意修剪残枝。

施肥和病虫害防治：施足基肥后，一般不再追肥。丛生福禄考抗病性能强，也不易生虫害。管理和养护极其简单，平时放在通风、向阳处就可以了。

翻盆换土，在每3年的春天进行。

丛生福禄考的话

叶子很小，像松针，但比松针更显生命的质感；叶色鲜嫩，一年四季不枯黄。这不是松针吗？不是。它是丛生福禄考。匍匐丛生的茎，贴着地面生长。线状的叶子成对而生。

它特别耐活。无论是-8℃的低温，还是40℃的高温，对它来说都是生长环境。如此这般活着，已经相当不简单了，但它巧手一挥，魔术般变出一束束小花。

在非凡的环境下，历经非凡的磨炼，方能取得非凡的成就。丛生福禄考如是说。

『景天科』

青锁龙

青锁龙
学名（拉丁名）*Crassula lycopodioides*

【简介】青锁龙是景天科青锁龙属的多年生常绿亚灌木状匍匐多浆植物。
【原产】南非。
【特征】茎细弱，多分枝；整株成丛状，茎和分枝垂直向上生长。叶片鳞状呈三角形，叶小而密，在茎和枝上排列成4行，交互对生，密抱茎，以至于茎枝难分，叶色鲜绿。花小，腋生，绿白至黄色。
【花期】春、夏。
【习性】喜光。耐半阴。不耐寒。喜干燥而通风良好的环境。安全越冬不低于5℃。

plant tips
园艺师的小叮嘱

青锁龙一般采用扦插法繁殖。

扦插法：在四季均可进行。剪取约10 cm长的嫩枝作插条，将基部鳞叶剥去，插入河沙土中或培养土中，土略湿润即可，不要多浇水。10～15天生根成活。

春、秋、冬季，每10天浇水1次。盆土干燥时再浇，不要过湿，以免烂根。夏季，每5天浇水1次。

施肥和病虫害防治：施足基肥后，一般不再追肥。放在通风处，很少生病虫害。如有虫子光临这片风水宝地儿，参照《植物养护一点通——家用简易防虫法》就OK了。

翻盆换土，在每1～2年的春天进行。

『景天科』

青锁龙

Crassula lycopodioides

青锁龙的话

自古以来，龙能兴云雨、利万物，是人们崇敬和朝拜的对象。每逢久旱，人们敬香默祷。龙每每看到萎蔫欲枯的禾苗，深感责任重大，便开始呼风唤雨。一场雨水来临，人们欢欣鼓舞，心中又有了希望。

偶有一年，全球大旱，田里庄稼个个得了软骨病似的，提不起神儿。农人们纷纷告急，各种语言的祷告都来了。龙听了汉、英、法、德、俄……大约20种以上的语言，默不作声。有人顶礼膜拜，虔诚地说着。龙看一眼芸芸众生，拂袖而去。

它边走边说，这儿，曾经是大片的森林，当初我吹一口气，雨都来了；它往前走，指着下面的厂房说，这儿，曾经是大片的草原，当初我挥一下手，雨都跳起了霹雳舞；它向前拐了一个弯说，这儿，这儿，还有那儿……没有森林，没有绿地，我弄不来雨了。再见。

龙离开人界时，被一种小植物绊倒了。它密生的小叶仿佛龙身上的鳞片。不用说，这小植物很会藏水。别的植物枯了，它却安然无恙。但“杯水车薪”的小植物，是救不了急的。龙拔腿往外挣脱，但越挣脱，绊得越紧，直到最后，它被牢牢地锁定了。没办法，龙只好把嘴里的那口水，降到人间。锁住龙的小植物，被人们叫做青锁龙。

这个世界不仅仅你在活着，还有其他动物、植物和人，谁都离不开谁。青锁龙说。

青锁龙

『景天科』

燕子掌

燕子掌，别名玉树、景天树
学名（拉丁名）*Crassula argentea*

【简介】燕子掌是景天科青锁龙属的多年生常绿小灌木。
【原产】南非。
【特征】高可达3 m。茎粗壮，有节，圆柱形。多分枝，老枝褐色，新枝绿色。叶片肥厚无柄，对生，肉质，全缘，椭圆形，先端略尖，绿色，抱茎，有红边。圆锥花序，花有淡粉红或白色。
【习性】喜光。喜温暖、干燥的环境。不耐寒，稍耐阴。忌夏季阳光直射。安全越冬不低于5℃。

plant tips
园艺师的小叮嘱

燕子掌一般采用扦插法繁殖。

扦插法：一年四季均可进行，但一般以晚春为宜。剪取肥厚的顶端枝条8～10 cm长，稍晾干，插入河沙土中，约20天生根。也可用单叶扦插，等叶片切口晾干后，插入河沙土中，约30天生根。

生长期每3～5天浇水1次。7～8月是休眠期，每10天浇水1次。肉质多浆植物十分耐旱，其他季节浇水不宜过多，要做到“干透浇透”的原则。

施肥和病虫害防治：施足基肥后，一般不再追肥。放在通风、向阳处，很少生病虫害；如有虫子光临这片风水宝地儿，参照《植物养护一点通——家用简易防虫法》就OK了。另外，每月喷洒多菌灵，也能防患于未然。

翻盆换土，在每1～2年的春天进行。

『景天科』

燕子掌

Crassula argentea

燕子掌的话

你请我来，是让我给你清新空气的。我能做到。瞧，我的手掌这么厚，双手一拍，就营造出温馨的氛围和几许的欢乐。

但好景不长。忘了从第几天起，我被安置在一个角落。曾经玉树临风的我，像洗皱的湿手帕，不再平展、厚实了。而且，稍一触动，碧绿的叶子就会自然脱落，像松开腰带的裤子。你偶尔看我一眼，把我弃在阳台上。你在等我彻底枯死。楼下的垃圾箱就是我的归宿。

知道吗，我可不想离开你。没过多久，来不及脱落的枯叶一天天肥厚，鲜绿了。

其实，我需要的不多，只一点点阳光，一丝丝小风，就OK了。燕子掌如是说。

燕子掌

『菊科』

翡翠珠

翡翠珠，别名绿珠、一串珠、绿之铃、珍珠吊兰
学名（拉丁名）*Senecio rowleyanus*

【简介】翡翠珠是菊科千里光属的多年生草本植物。
【原产】非洲西南部干旱的亚热带地区。
【特征】茎极细，匍匐生长。叶圆豆形，肉质，有微尖的刺状突起，绿色，具一条透明的纵纹。因叶形似珠，各珠串串相连，而叶色碧绿得像翡翠，故而得名翡翠珠。头状花序，自珠丛中抽出，管状花白色至浅褐色。
【花期】12月至翌年1月。
【习性】喜凉爽，忌高温。耐干旱，忌积水。冬季可耐－6℃低温。

plant tips
园艺师的小叮嘱

翡翠珠一般采用扦插法繁殖。

扦插法：在春天或秋天进行。剪取健壮枝条10～20 cm长，下部叶子去掉，平铺且半埋于盆土中，上部的叶垂悬，盆上略覆一层薄土，一次浇透水，放凉爽、通风处，约20天生根。

新株长成后，应当控制浇水量。翡翠珠的根浅，不耐湿，如果盆深土多，根系长期处于潮湿状态，容易腐烂。因此，最好选用浅盆。春季和秋季为生长期，盆土干了再浇水，每3～5天浇水1次。夏季，处于半休眠状，每5～7天浇水1次。冬季，每10天浇水1次。

施肥和病虫害防治：施足基肥后，不再追肥。放在通风、散光处，很少生病虫害。如果有虫子光临这片风水宝地儿，建议采用手工捉虫法清除，或者参照《植物养护一点通——家用简易防虫法》就OK了。另外，每月喷洒多菌灵，也能防患于未然。

翻盆换土，在每1～2年的春天进行。

翡翠珠的话

“我要出差了。”你说。

“很远吗？”翡翠珠双手支起下巴问。

“五天，也许六天，我就回来了。你乖乖呆着。”你边浇水边说。

“没问题。”翡翠珠摊开双手，睁着亮晶晶的绿眼睛说，“问题是谁保证你的安全？还有，你孤独的时候，谁陪你说话？”

“我会照顾自己的。”说着，你吻了吻可爱的绿眼睛。

它毫无羞涩之态，说：“你等着。”

你一边收拾行李，一边哼唱着小曲。

半小时后，翡翠珠用绿色的珠子穿起一条长长的项链，使头尾相挽，准备挂到你的脖颈上。

“再见，翡翠珠。”你提着行李出了门。

“一路平安！”翡翠珠拎着绿色项链，望着你的背影。

『菊科』

芙蓉菊

芙蓉菊，又名香菊、白艾、玉芙蓉
学名（拉丁名）*Crossostephium chinense*

【简介】芙蓉菊是菊科芙蓉菊属的常绿亚灌木。
【原产】中国。
【特征】直立，多分枝。叶互生，质柔、密生于枝顶，叶片匙形或披针形，两面密被白色绒毛，具有芳香气息。头状花序，金黄色，小球状，生于上部叶腋内，具柄。
【花期】秋、冬。
【习性】喜光。耐旱。不耐寒。安全越冬不低于3℃。

plant tips
园艺师的小叮嘱

芙蓉菊一般采用扦插法繁殖。

扦插法：剪取健壮枝条约10 cm长，插到河沙土中，一次浇透水。适当遮阳，避免阳光直射。保持空气湿度。约15天生根，30天后上盆另植。

浇水掌握不干不浇，浇则浇透的原则，不能浇半截水，也不能让盆中有积水。盛夏时，向叶片喷水；冬季时，应节制浇水。

施肥和病虫害防治：施足基肥，生长期间每月追肥1次，冬季停止。芙蓉菊生性强健，病虫害少，偶有红蜘蛛光临这片风水宝地儿，建议采用手工捉虫法清除，或者参照《植物养护一点通——家用简易防虫法》就OK了。另外，每月喷洒多菌灵，也能防患于未然。

翻盆换土，在每年春天进行。

芙蓉菊的话

大凡菊科家族的，多数都以花艳、色美而悦人，而且散发香气。芙蓉菊是个另类。花朵小到不蹲到面前就看不见的地步。赞美芙蓉菊的诗词寥寥无几。芙蓉菊从不气恼，它本来就不是为了开花而生的。

每逢深秋过后，当秋叶衰残、菊花败落的时候，它身披灰绿色的叶子，向人们散发香气，给你心旷神怡之感。

从它平凡的叶子中，你对植物有一种新的审美：花容月貌是一种美，内在的坚韧、持久是另一种美。

『爵床科』

金脉单药花

金脉单药花，又名金脉丹尼亚单药花、斑马花
学名（拉丁名）*Aphelandra nobilos*

【简介】金脉单药花是爵床科单药花属多年生常绿草本植物。
【原产】墨西哥、巴西。
【特征】单叶，对生，全缘而微向内卷，卵圆形或长椭圆形，先端渐尖，基部楔形，深绿色，叶脉淡黄色。花黄色，穗状花序顶生，由下向上渐次开放。
【花期】7～9月。
【习性】喜光。忌夏季阳光直射。炎夏宜放在半阴处。不耐寒。安全越冬不低于10℃。

plant tips
园艺师的小叮嘱

金脉单药花一般采用扦插法繁殖。

扦插法：在5～6月进行。剪取带腋芽枝条6～8 cm长，去掉少许叶，直接插入河沙土中。浇水后，放在通风处，约15天生根。

新株长成后，每2～3天浇水1次。夏季，每天向叶面喷水。生长期适当摘心或修剪，促使花朵繁茂。冬季是休眠期，控制浇水量。

施肥和病虫害防治：除施足基肥外，生长期间每月追肥1次，追肥时沿盆边施洒，勿施到茎叶上。冬季停止施肥。每月喷洒多菌灵，提前预防病虫害。若叶子上生了虫，就摘除叶子，并参照《植物养护一点通——家用简易防虫法》就OK了。

翻盆换土，在每年春天进行。

『爵床科』

金脉单药花

Aphelandra nobilos

金脉单药花的话

“你甭以为这又是一则植物童话故事，如果这样，我劝你趁早走开。”金脉单药花忧伤地看着定格在墙上的夕阳说。

这句话像打出的字幕，即便你真的走开，它照样继续讲下去，好比电影院投影机一开，你要不要坐下，片子都要继续放映的。

五年前，金脉单药花和金鱼儿恋爱了。金鱼儿每天扒到水边，讲小溪、小河、大江、大海里的故事，比如小河里的蜻蜓幼虫，大江里的小乌龟，讲累了，它听金脉单药花讲。金脉单药花讲沼泽地的苔藓，高山上的松柏，讲着讲着，天黑了。它们各自回家。

天长日久，如果哪天不见面，它们心里很牵挂，仿佛丢了什么。就这样，它们决定结婚。金鱼儿的爸爸妈妈知道后坚决反对，把它送到很远的地方。金鱼儿看不到心爱的金脉单药花，就跋山涉水地寻找，最后死在路上。

金脉单药花也在四处寻找金鱼儿，当看到心爱的金鱼儿枯瘦如柴，再不能开口讲话时，它一下子晕倒了。等它醒来，金鱼儿已经长在金脉单药花的身体里——金鱼儿的刺骨刻在叶面，金鱼儿的模样长在头顶。

一生中总有些经历是刻骨铭心的，抹都抹不掉。金脉单药花如是说。

金脉单药花

『苦苣苔科』

口红吊兰

口红吊兰，又叫口红花、花蔓草、大红芒毛苣苔
学名（拉丁名）*Aeschynanthus pulcher*

【简介】口红吊兰是苦苣苔科芒毛苣苔属的多年生常绿蔓生草本植物。
【原产】爪哇、马来半岛、加里曼丹岛。
【特征】叶对生，卵形，革质而稍带肉质，全缘，中脉明显，侧脉不显，叶面浓绿色，背面浅绿色。花腋生或顶生成簇，花冠红色至红橙色。花萼筒状，黑紫色被绒毛，约2 cm长时，花冠才从萼口长出，筒状，鲜红色，如同口红，因而得名。
【花期】环境适宜，可四季开花。
【习性】喜光。耐半阴环境，每天最多接受2～3小时的直射光。在室内栽培宜悬挂窗口。生长适宜温度为21～26℃。安全越冬不低于10℃。

plant tips
园艺师的小叮嘱

口红吊兰一般采用扦插法繁殖。全年均可进行。

扦插法：剪取顶端枝条10～15 cm长，插于消毒过的河沙土中，保持适当室温，约30天生根。在生根后1～2周即可移栽上盆。

新株长成后，每3～5天浇水1次，浇水不能过多，见干就浇，否则容易腐烂或引起落叶。温度过低或浇水过多，都会出现枝条从根部起发黑、而局部叶子变黄、小花苞还没有长大就掉了的现象。

夏天，放置通风的荫棚下，遮光度在50%左右，经常向叶面喷水，保持空气中的湿度；秋天渐凉，减少浇水量；冬天盆土稍干燥；春天可以追肥。冬季花期过后，及时剪除开过花的残茎，节省体内养分的消耗，促发其生长新枝，以便多孕蕾，多开花。

施肥和病虫害防治：施足基肥后，不再追肥。放在通风、散光处，一般不生病虫害。如有虫子光临这片风水宝地儿，参照《植物养护一点通——家用简易防虫法》就OK了。另外，每月喷洒多菌灵，也能防患于未然。

翻盆换土，在每2～3年的春天进行。

『苦苣苔科』

口红吊兰

Aeschynanthus pulcher

口红吊兰的话

它是普通的，没有惊艳的姿容，从不刻意打扮；它是健康的，一年365天都生机盎然；它是自信的，没有虚度光阴；它是快乐的，没有纠结，没有幻想，没有奢望，没有忧伤，在平静中伸展一对对绿叶，享受阳光、空气和水。直到有一天，它遇到了你，生活完全变了样。

你由衷地赞赏它，精心地照料它，温柔地关怀它，真诚地牵挂它，多情地爱抚它……它的心再不能像无风的水面那么平静了。它不由自主地回应你。它想你，每分每秒在想。它爱你，每叶每茎在爱。在你的关怀下，它的情感升了级。它想亲吻你，拥抱你。但它是害羞的，只好把“吻你”的“想”和“拥抱你”的“想”浓缩到绿叶里，使叶子更加丰厚。

这两天，你因为琐事缠身，没顾得上照看它。为了重逢，为了给你惊喜，它悄悄打扮自己——首先沐浴，然后更衣，接下来梳头。它梳了很多小辫子，每条小辫子别着一对对绿色的发卡。照镜自览，它觉得还是少了什么。很快，它笑了。

明天，明天我们就可以见面了，我要漂亮一点！口红吊兰从坤包里掏出一管口红说。

口红吊兰

『兰科』

大花蕙兰

大花蕙兰，又名虎头兰
学名（拉丁名）*Cymbidium* spp.

【简介】大花蕙兰是兰科兰属的多年生草本植物。
【原产】中国。
【特征】大花蕙兰的栽培品种众多。叶细长条带形，长达1m。花莛直立，具花数朵。花大色艳，有黄、橙、红紫、褐、白、淡绿等。
【花期】11月至翌年5月。
【习性】喜光。喜温暖、湿润环境。喜疏松、肥沃、排水良好的微酸性土壤。为半阴性植物。耐寒。

plant tips
园艺师的小叮嘱

大花蕙兰一般采用分株法繁殖。

分株法：在花期过后的休眠期进行。一般每2年进行1次。分盆前停止几天不浇水，使盆土较干时进行，这样可以少伤根。将大株上的假鳞茎分开，使每株上有3个以上的小芽。栽植时，使假鳞茎露出盆土，仅将根系埋入即可。

春季，需水量大，每天浇水2次；夏季，每天浇水1次，并向叶面喷水，增加空气中的湿度；秋季，每3天浇水1次；冬季，每5天浇水1次，盆土以偏干为好。

春、夏、秋季遮光50%，最好放在荫棚下养护；冬季，放置室内光照处，给予充足的阳光。

施肥和病虫害防治：施足基肥后，可半年追1次肥。注意通风、换气，一般不生病虫害。若生了虫，建议采用手工捉虫法清除，或者参照《植物养护一点通——家用简易防虫法》就OK了。另外，每月喷洒多菌灵，也能防患于未然。

翻盆换土，在每2～3年的春天进行。

『兰科』

大花蕙兰

Cymbidium spp.

大花蕙兰的话

一只饿极了的老虎，遇到可以大餐一顿的狐狸。老虎动口之前，听了狐狸的一番话，不仅丢了这顿美餐，而且跟在狐狸后面溜达半天。这事很快在动、植物界传开了，有称赞狐狸聪明的，有鄙视狐狸玩弄欺骗术的，还有人八卦出一个成语叫狐假虎威。

当时，大花蕙兰就在事发现场。它既欣赏狐狸的智慧，又敬仰老虎的威严。它集二者的优点于一身，果断地命令花蕾绽放成虎头状，斜上方的两只虎耳左右对称，斜下方的两把胡子左右对称，正上方露出一枚花瓣，是老虎的额头。这五枚花瓣是外部轮廓，不足于充当虎头，也没有虎威，接着，它绽放出虎嘴——虎的舌头和喉部。

大花蕙兰开了。绿叶丛中冒出一个个小虎头，活灵活现，可爱至极。人们叫它虎头兰。

大花蕙兰

『兰科』

建　兰

建兰，又叫秋兰、四季兰
学名（拉丁名）*Cymbidium ensifolium*

【简介】建兰是兰科兰属的多年生草本植物。
【原产】中国。
【特征】假鳞茎卵球形。叶2～6枚，略有光泽。花莛从假鳞茎基部发出，直立，长25～40 cm；总状花序，着花6～12朵，有香气；花色变化大，常为淡黄绿色至淡黄褐色，有紫红色条纹和斑点。
【花期】5～12月或整年开花。
【习性】喜光。喜温暖、湿润环境。喜疏松、肥沃、排水良好的微酸性土壤。为半阴性植物。耐寒。

plant tips
园艺师的小叮嘱

建兰一般采用分株法繁殖。

分株法：选取2～3年的大株，使盆土略干，便于降低根部的细胞膨压，分株过程中不易断根。将大株从盆中轻轻翻出，抖落泥土，剪掉腐根和老叶。然后将根浸入清水中洗净，放阴凉处。待根发白时，切离。分盆栽植。

上盆后，放在通风处，1个月内避免阳光照射，浇水不可太多。15～30天发根成活。

建兰（兰花类）盆土宜干不宜湿，但需要空气湿度。应经常向叶面喷水。建兰的浇水原则是夏、秋不可干，冬、春不可湿。

关于兰花种植，古人有很好的经验，后人可以借鉴、参考，比如古人总结的“四戒”——春不出、夏不日、秋不干、冬不湿。

“春不出”，是指兰花喜湿润，而春季多风、干燥，气温较低，不宜出室，应当在室内养护。但春兰和蕙兰需靠近窗台的向阳处。

“夏不日”，是指兰花喜凉爽、通风良好的环境。忌阳光直射，忌高温。兰花的耐阴程度，墨兰最甚，建兰次之。

“秋不干”，尤其指建兰，秋季正是孕蕾期，最喜湿润、凉爽，如盆土或空气干燥，则不利建兰生长发育。秋天浇水量增多，并经常向叶面喷水。

“冬不湿”，是指冬季处于休眠状态，应节制浇水，保持盆土干燥。如浇水过量，容易烂根。但墨兰和寒兰除外，它们在冬季开花，应适当增加浇水量。

施肥和病虫害防治：新植的建兰不宜当年施肥。1～2年生的建兰，从4～6月起，每半月施少许肥料。此后，停止施肥。每月喷洒多菌灵，提前预防病虫害。若生了虫，建议采用手工捉虫法清除，或者参照《植物养护一点通——家用简易防虫法》就OK了。

翻盆换土，在每2～3年的春天进行。

选购兰苗应注意：

1. 根。根系完整健壮，或受损伤较少；根色新嫩而不发黑；比较干燥的根系，柔软而不易折断。

2. 叶。叶面嫩绿发亮，无黑斑或枯黄的，而且叶脉清晰，叶丛齐全新鲜，每株生有4个或5个叶束。根系自然连结成大块，花芽尚未萌动。

『兰科』

建 兰

Cymbidium ensifolium

建兰的话

建兰是山涧的清泉吹出的音乐，是树丛的月亮画下的气韵，是乡间的云彩盘绕的香烟……它山泉似的绿叶，流动在你的顾盼之间，又跳出半个音符，闪出紫红色的点点火花。它不是妖艳的、奔放的、淡漠的，而是灵性的、细密的。

建兰婉约而节制地说，美丽不遥远，就在你身边。

建兰

『藜科』

地 肤

地肤，别名扫帚苗
学名（拉丁名）*Kochia scoparia*

【简介】地肤是藜科地肤属的一年生草本植物。
【原产】欧洲、亚洲。
【特征】茎直立粗硬，分枝繁多，株丛密集成圆球形，被短柔毛。叶互生，披针形或线状披针形，全缘；初夏叶色嫩绿色，后转淡绿至紫红色。花小，不明显，腋生，集成稀疏的穗状花序。
【花期】秋季。
【习性】喜光。为阳性植物。耐旱、耐碱。不耐寒。

plant tips
园艺师的小叮嘱

地肤一般采用播种法繁殖。

播种法：在4月初进行。播种前将盆土充分浇水，待水完全渗入后，将种子拌少量细沙均匀撒下，之后再覆一层微薄的细沙。种子发芽适宜温度在22℃左右，约15天生根。苗高10～15 cm 时上盆另植。

浇水要做到盆土干了再浇，管理极为粗放。地肤自播繁衍能力强，适应各种土壤。

施肥和病虫害防治：施足基肥后，不再追肥。放在通风、向阳处，基本上不生病虫害。如有虫子光临这片风水宝地儿，参照《植物养护一点通——家用简易防虫法》就OK了。另外，每月喷洒多菌灵，也能防患于未然。

一年生草本植物，不存在翻盆换土了。收集种子后，第二年重新盆栽。

地肤的话

地肤，顾名思义是地球的皮肤。迄今为止，有关地球的一切，它最清楚。它是先人盘古的汗毛，目睹并亲历了盘古的所作所为。

那么，地球是怎么来的？地肤说，地球来自一个混沌而气状的卵。这卵是谁产下的，至今是个谜。卵里酣睡着一个生命。在18 000年后醒来，他睁眼一看，周围一团漆黑，于是，伸出手掌向头顶猛劈，混沌而气状的卵碎了，里面轻而清的东西渐渐上升，变成了蓝天，混而浊的东西慢慢下沉，变成了土地。这位开天辟地的大力士，就是盘古。盘古死后，身体的各个部位分别变成了太阳、月亮、星星、高山、河流、草木。

地肤就是这样来的。在它之后，相继出现有动感的生命，它们吃着地肤的叶子，繁衍子孙，直到人类。

『楝科』

米 兰

米兰，又名树兰、鱼子兰、米仔兰
学名（拉丁名）*Aglaia odorata*

【简介】米兰是楝科米仔兰属的常绿灌木。
【原产】中国、越南、印度、泰国、马来西亚。
【特征】多分枝。奇数羽状复叶，小叶 3～5 枚，叶面亮绿。圆锥花序腋生，花小而繁密，黄色，形似小米，极芳香。
【花期】夏、秋至初冬。
【习性】喜光。喜温暖、湿润的环境。为阳性植物。耐半阴。安全越冬不低于8℃。

plant tips
园艺师的小叮嘱

米兰一般采用扦插法和空中压条法繁殖。

扦插法：春天，剪取1～2年生的健壮枝条，10～15 cm长，上下两头斜剪，先端保留3片叶，其余摘除，插到消毒过的河沙土里，约5 cm深。每天喷水5次，喷到盆底渗水为止。

空中压条法：选取1～2年生的健壮枝条，摘去准备埋入土中的叶子，并把计划压入土中的枝条作环状剥皮或拧裂，埋入原盆一侧的盆土中，覆土固定。如不能固定，用砖或石块压实。3个月后切断，单独盆栽。

新株长成后，每3～5天浇水1次，顺着周边细浇。一次浇透水，即水从盆底渗出为止。浇水不宜过勤。一般在盆土发白时再浇，每次都浇透水。开花期间，要适当减少浇水量，否则花蕾、花朵容易脱落。秋后天气转凉，要控制浇水量。

为了使米兰天天有花，芳香不断，应及时进行修剪。春季，第一次孕蕾挂出时，将某一枝条上的孕蕾全部剪掉。4天后，将第二枝条上的全部剪掉，如此操作，最后保留3根枝条上的第一次孕蕾，薄肥勤施，被摘除孕蕾的枝条依次又长出新的孕蕾，米兰就会连续开花，芳香不断。

施肥和病虫害防治：春季，每15天施薄肥1次；夏季是开花期，不宜多施；立秋后不再追肥。如果通风不畅，米兰会生蚜虫、红蜘蛛、介壳虫。

见了蚜虫，用烟灰或蒜汁应付就可以了，尤其是蒜汁，蚜虫最受不了这个味儿，从此不再光临这片风水宝地儿。若生红蜘蛛、介壳虫，采用手工捉虫法清除，或者参照《植物养护一点通——家用简易防虫法》就OK了。另外，每月喷洒多菌灵，也能防患于未然。

翻盆换土，每2～3年的春天进行。

米兰的话

“有爱，生命无不创造奇迹。”四季青绿的米兰，热情洋溢地站在这儿，每天更新花朵，向你传递这样的信息。

或许米兰有过类似的生命体验，或许仅仅是一个信念。每当你把目光投向米兰，千头万绪的纷杂，都抛到脑后。你不禁莞尔。

是的，有爱，生命无不创造奇迹。这句话既轻盈，又有力量。

『龙舌兰科』

巴西木

巴西木，又叫香龙血树、巴西铁
学名（拉丁名）*Dracaena fragrans*

【简介】巴西木是龙舌兰科龙血树属的常绿灌木或乔木。
【原产】非洲西南部。
【特征】株高可达6 m，有时分枝。叶宽线形，无柄，多聚生于干顶。圆锥花序顶生，花小，黄白色，具香气。
【习性】喜光。喜肥沃、疏松和排水良好的土壤。喜高温、多湿气候。不耐寒。忌水涝。安全越冬不低于5℃。

plant tips
园艺师的小叮嘱

巴西木一般采用扦插法、分株法和锯干栽种法繁殖。

扦插法：剪下成年树的顶部的健壮枝干，10～15cm长，晾一天后，插入腐叶土与河沙的混合土中，约5 cm深。每半月浇水1次。温度不低于15℃。

分株法：将根部的幼株掰掉，扦插到透水良好的土壤里。

锯干栽种法：将树干锯成三段，晾一天后，分别植到透水良好的土壤里。

新培育的植株，尽量避免夏季阳光直射。生长期保持湿润，过干燥了，容易生长不良，过湿润了，容易烂掉根部。等新叶抽生时，每天向叶面喷水2次。

长成后的巴西木，对光线适应范围很宽，不论在全光照、散射光和阴暗的墙角都能正常生长。当气温降至13℃左右时即进入休眠。

施肥和病虫害防治：施足基肥后，每月略施肥1次。冬季停止。如有虫子光临这片风水宝地儿，参照《植物养护一点通——家用简易防虫法》就OK了。另外，每月喷洒多菌灵，也能防患于未然。

翻盆换土，每1～2年的春天进行。

巴西木的话

巴西木是龙舌兰科家族的代表。龙舌兰科绝大多数成员的共性在巴西木身上表现最为突出，那就是叶子聚集在茎顶，叶子底部的叶柄短小，甚至没有；树干上的分枝极少，甚至没有。

在一根粗壮的光秃秃的木棍上，顶头突然扎堆一簇或两簇碧油光的叶子，集体团结向上，大有高升之意。因而，巴西木被誉为“观叶植物的新星”。

每天守候在客厅、卧室或书房的巴西木，外表挺拔、俊朗，无不给你坚定、祥和之感，然而仅此，它觉得不够，还煞有介事地祈祷：祝你步步高升，祝你健康长寿，祝你美梦成真！

『龙舌兰科』

虎尾兰

虎尾兰，别名虎皮兰、千岁兰
学名（拉丁名）*Sansevieria trifasciata*

【简介】虎尾兰是龙舌兰科虎尾兰属的多年生常绿草本植物。
【原产】非洲西部。
【特征】具水平生长的根状茎，外表没有主茎。叶从地下的根茎上长出，叶簇生，叶厚，硬革质，扁平狭披针形或基部具凹沟或呈圆筒形，两面具白绿和深绿色相间的横带状斑纹。总状花序，有淡绿色或白色小花成束开放。
【习性】喜光。喜温暖且湿度大、通风良好的生长环境。耐半阴。忌湿。不耐寒。安全越冬不低于3℃。

plant tips
园艺师的小叮嘱

虎尾兰一般采用扦插法和分株法繁殖。

扦插法：用叶扦插。在5～8月进行，将成熟的叶片自基部剪下，15～20 cm长，插入河沙土中，约有一半深。保持沙土湿润。约30天生根。幼株长出2～3片叶，分盆另植。

分株法：把地下的根茎切开，尽量不伤着根了，提出后分盆另植。

小株长成，每半月浇水1次。最好在下午4点以后。光照度弱了，繁殖新苗比较快。分盆另植也选在这个时间段。浇水宜懒，但每次都要浇透水，即水从盆底渗出为止。

虎尾兰放在透光度较好的窗前或阳台上。万物生长靠太阳，只要有光线，而且通风好，适合养各种植物。

施肥和病虫害防治：生长期略施薄肥。平时不必追肥。每半年喷洒一次多菌灵，提前预防病虫害。若生了虫，参照《植物养护一点通——家用简易防虫法》就OK了。

翻盆换土，在每年春天进行。

虎尾兰的话

手持一把把宝剑的虎尾兰，随时准备战斗。这是跟谁在掐架呢？天然生成的虎纹斑的脸蛋，给人虎虎生威之感，看上去很有点古代勇士的味道。

事实上，它的确名不虚传。比如一个10平方米的房间，有一盆虎尾兰和你朝夕相伴，它每天用灰绿色的宝剑，帮你驱走了80%的有毒气体，让你无不生活在它的保护之中。

住在有虎尾兰为你净化好的房间，你不觉惬意、踏实吗？

『龙舌兰科』

龙舌兰

龙舌兰，又名世纪树、龙舌掌、番麻
学名（拉丁名）*Agave americana*

【简介】龙舌兰是龙舌兰科龙舌兰属的多年生常绿草本植物。
【原产】美洲热带墨西哥东部。
【特征】茎短。叶片肥厚，莲座状簇生，灰绿色，带白粉，先端具硬刺尖，叶缘具钩刺。圆锥花序顶生，花多数，稍漏斗状，黄绿色。蒴果椭圆或球形。叶缘用黄、白色条带作镶边的，又叫金边龙舌兰。
【习性】喜光。耐干旱。耐贫瘠。安全越冬不低于3℃。
龙舌兰的汁液有毒，切勿食用。

plant tips
园艺师的小叮嘱

龙舌兰一般采用分株法繁殖。

分株法：在4月进行。用利刀将大株萌生的蘖株切下，尽可能带有少量根，栽入另盆中。一次浇透水。若切下的蘖株无根，先插入河沙土中培育，待生根后再分盆另植。

每5～7天浇水1次。冬季浇水不宜过多，保持盆土以干为主，稍有湿润即可。管理比较粗放。

施肥和病虫害防治：生长期每月施薄肥1次，冬季停止。平时放在通风且光线充足的窗前，一般不生病虫害。如有虫子光临这片风水宝地儿，参照《植物养护一点通——家用简易防虫法》就OK了。

翻盆换土，在每2～3年的春天进行。

『龙舌兰科』

龙舌兰

Agave americana

龙舌兰的话

有一个无聊人，把一个测谎机接到龙舌兰的叶片上。龙舌兰有点好奇。无聊人给它水喝。龙舌兰正好口干舌燥。

“原来他是好人耶。”龙舌兰喝饱了水，感激地说。

无聊人通过图纸看到龙舌兰的情感波动，惊讶不已。他点燃火柴，烧那片叶子。龙舌兰很痛，明白眼前这个人在伤害它，心中恐惧不安。

“原来他是先做好人，后做孬人耶。”龙舌兰盯着受伤的叶片，疼痛地说。

接着，无聊人又一次点燃火柴，走向龙舌兰。

龙舌兰戒备地骂道：“你这个疯子，怎么又来了？”

无聊人没有烧叶片，他更乐意看图纸上的曲线。随后，他一次又一次地拿着燃烧的火柴，走近龙舌兰，却不伤害它，直到火柴熄灭。

龙舌兰冷静地看着火苗，嘀咕一声说：“原来他是一个无聊人耶。”

无聊人对其他植物做了同样的实验后，发表一篇文章说，植物是有感情的。人们把他的发现称为“巴克斯特效应”，原来这个无聊人叫克夫·巴克斯特。

龙舌兰

『龙舌兰科』

马尾铁

马尾铁，又名三色千年木
学名（拉丁名）*Dracaena marginata* 'Tricolor'

【简介】马尾铁是龙舌兰科龙血树属的常绿灌木。
【原产】马达加斯加。
【特征】茎干直立，少分枝。叶片细长，新叶向上伸长，老叶下垂；叶缘鲜红色，中间是绿色，并有两条黄色纵纹，为观叶珍品。
【习性】喜光。喜高温、多湿气候。不耐寒。忌水涝。安全越冬不低于5℃。

plant tips
园艺师的小叮嘱

马尾铁大多数是直接购买盆栽，如有兴趣，可以尝试扦插法、分株法和锯干栽种法繁殖。

扦插法：剪下成年树顶部的健壮枝干，10～15cm长，晾一天后，插入腐叶土与河沙的混合土中，约5 cm深。每半月浇水1次。温度不低于15℃。

分株法：将根部的幼株掰掉，插到透水良好的土壤里。

锯干栽种法：将树干锯成三段，晾一天后，分别植到透水良好的土壤里。

新培育的植株，避免夏季阳光直射。生长期保持湿润，过干容易生长不良，过湿则容易烂掉根部。等新叶抽生时，每天向叶面喷水2次。

施肥和病虫害防治：生长期每月略施薄肥1次，冬季停止。平时放在通风、向阳处，冬季注意防寒，一般不生病虫害。如有虫子光临这片风水宝地儿，参照《植物养护一点通——家用简易防虫法》就OK了。另外，每月喷洒多菌灵，也能防患于未然。

翻盆换土，每1～2年的春天进行。

『龙舌兰科』

马尾铁

Dracaena marginata 'Tricolor'

马尾铁的话

爱美之心，人皆有之。

看到马尾铁，你才知道“人”不过是拥有“爱美之心”的一个物种，而非唯一的物种。头在上，脚在下，头比脚更容易引人注目，因此，爱美者都喜欢拿头说事儿。

传统的发型有五种，脑后或头顶盘髻、束马尾辫、编大辫子、短发、长发披肩。反传统的发型各式各样，举不胜举。每人根据自己的兴趣、爱好或冲动，弄成千奇百怪的另类模样，比如阴阳头，刺猬头，鸡冠头，还有冲天炮。

这天，马尾铁参观了一匹马的发型后，突然心血来潮，把头发束在头顶，弄成冲天炮——直冲云霄型。末端的发束在空中炸开。这够另类了吧，它不满意，又别出心裁地把每根头发染成红、黄、绿三种颜色。这样往街头一站，你想看不见都没辙儿。

爱美之心，我也有之。马尾铁说。

马尾铁

『龙舌兰科』

朱 蕉

朱蕉，又名红竹、红铁树
学名（拉丁名）*Cordyline terminalis*

【简介】朱蕉是龙舌兰科朱蕉属的常绿灌木。
【原产】大洋洲、中国、印度和太平洋诸岛。
【特征】茎干直立向上，少分枝；茎皮呈灰白色至灰褐色，上有明显的环状或楔形。叶聚生茎顶，剑形或阔披针形至长椭圆形，绿色或带紫红色，叶柄长，腹面有深沟。圆锥花序生于上部叶腋；花形小，有淡红色或紫色，偶有淡黄色；花被片条形。
【花期】春、夏。
【习性】喜高温、多湿、肥沃和排水良好的土壤。耐阴。不耐寒。忌碱性土壤。安全越冬不低于8℃。

plant tips
园艺师的小叮嘱

朱蕉一般采用扦插法繁殖。

扦插法：在春天进行。剪取茎顶或中间的成熟茎干，约10 cm长，上部叶片剪去一半，下部叶片全剪除，并将叶鞘剥掉，露出茎节，插入河沙土或培养土中。一次浇透水，保湿，接受阳光，适宜25℃左右的气温。约20天生根。

从春至秋为生长期，需水量较多。春、秋季，每2～3天浇水1次；夏季，每天浇水1次，天气干燥时，应向叶面喷水，补充水量；冬季减少浇水量。

施肥和病虫害防治：每月施薄肥1次，冬季停止。放在通风、向阳处，一般不生病虫害。如有虫子光临这片风水宝地儿，参照《植物养护一点通——家用简易防虫法》就OK了。另外，每月喷洒多菌灵，也能防患于未然。

翻盆换土，每2～3年的春天进行。

『龙舌兰科』

朱蕉

Cordyline terminalis

朱蕉的话

两棵朱蕉生活在阳光尚好的房间。有一天，来了六位陌生客人。其中一位将一棵朱蕉掐断，然后他们扬长而去。过一会儿，第七位将一台测试仪和没有“受伤”的那棵的叶片连接起来，也走了。

朱蕉对“受伤”的同伴说：“亲爱的，你要坚强！我是目击证人，我要替你讨回公道！”

“受伤”的同伴垂着头，停顿半天，说：“亲爱的，在强大的人类面前，我们是没有公道可言的。希望他们不要伤着你。”

朱蕉抗议说：“不，我不允许这样！我们活着，从来没有动过伤害人的念头，为什么他们就可以随心所欲地伤害我们？”

“受伤”的同伴没有说话。

这时，第七位陌生客人进来，走到测试仪旁边。接着，前面六位陌生客人陆续进来。前四位进来时，朱蕉没有变化。

等到第五位刚刚迈进门槛，朱蕉激动地指着：“是他，是他，就是他！”

朱蕉愤怒地说：“你这个暴君，你这个虐待狂，是你伤害了我的同伴！即便剥了你的皮风干，我仍然能嗅出你的气味！我要指证你！”

朱蕉过于激动，浑身通红，它的叶子因此变成了紫红色。

铁证如山。这就是朱蕉为什么又名红铁树的原因。

朱蕉

『罗汉松科』

罗汉松

罗汉松，别名罗汉杉
学名（拉丁名）*Podocarpus macrophyllus*

【简介】罗汉松是罗汉松科罗汉松属的常绿乔木。
【原产】中国、日本。
【特征】树冠广卵形。枝干开展或斜展，密生。树皮灰色或灰褐色，呈薄片状脱落。叶条状披针形，螺旋状互生，先端尖，两面中脉明显而隆起，表面浓绿色，有光泽，背面灰绿色，有时被白粉。雌雄异株或偶有同株。种子广卵形或球形，有黑色假种皮，生于红色或紫红色的肥大种柄上，形成葫芦形的两节，种柄味甜可食。
【花期】花期4～5月。种子8～9月成熟。
【习性】喜光。喜深厚、肥沃和排水良好的土壤。在半阴条件下也生长良好。耐修剪。安全越冬不低于0℃。

plant tips
园艺师的小叮嘱

罗汉松一般采用扦插法繁殖。

扦插法：在秋天进行。选取半木质化的嫩枝扦插，很易生根。剪取当年生的枝条，12～15 cm长，将下部叶除去，留顶芽，稍晾干插到河沙土中。插前，先将土壤喷湿，插后遮阳，放散光处培育。约40天生根。

罗汉松耐湿，生长期经常浇水，但不宜水多。平时保持盆土湿润而不积水，夏季应向叶面喷水，使叶色鲜绿。冬季浇水做到见干见湿，根据天气变化，灵活掌握。

施肥和病虫害防治：生长期的春、夏季，每2个月追肥1次。冬季停止。放在通风、向阳处，一般不生病虫害。如有虫子光临这片风水宝地儿，参照《植物养护一点通——家用简易防虫法》就OK了。另外，每月喷洒多菌灵，也能防患于未然。

翻盆换土，每2～3年的春天进行。

『罗汉松科』

罗汉松

Podocarpus macrophyllus

罗汉松的话

罗汉松是活到千年的老寿星，见识的事情多得海了去。每天每月每年不停地生长，很缓慢。它看惯了天上日月星辰的轮转，看淡了人间悲欢离合的变迁，平凡而闲适地活着。

你说：“我啥时候活得像罗汉松这样豁达就好了。”

罗汉松说：“从没有中活出有，你就豁达了。”

你说：“你可知这是一个‘千里马常有，而伯乐不常有’的社会，我怎么能够活出一个‘伯乐’来！”

罗汉松说：“罗汉松常有，而识罗汉松者不常有。我有过怨天尤人吗？没有。你可以广交朋友，终归有人会知道你的。”

你说：“你太幼稚了。你可知我身处一个‘朋友常有，而知己不常有’的社会？”

罗汉松笑了。

你说：“你别笑，你太单纯了。你可知这是一个‘恋爱常有，而爱情不常有’的社会？”

罗汉松说：“在无望中活出希望来，你什么都有了。”

罗汉松

『马齿苋科』

马齿苋树

马齿苋树
学名（拉丁名）*Portulacaria afra*

【简介】马齿苋树是马齿苋科马齿苋树属的常绿多浆肉质灌木或小乔木。
【原产】南非干旱地区。
【特征】原产地高达4 m。老茎淡褐色，嫩茎绿色，节间明显；分枝近水平。叶片对生，质厚多肉，似马齿苋叶片。花小，淡粉色。
【习性】喜光。喜高温。耐干旱。

plant tips
园艺师的小叮嘱

马齿苋树一般采用扦插法繁殖。

扦插法：在春天或秋天进行。剪取6～8 cm长的小枝，留上部1对叶，插入排水良好的沙质壤土里，一次浇透水。以后不必多浇水，约 30 天生根，极易成活。

盆土见干则浇水，不可过湿，以免烂根。

施肥和病虫害防治：生长期略施薄肥1次。放在通风、向阳处，很少生病虫害。若有虫子光临这片风水宝地儿，建议采用手工捉虫法清除，或者参照《植物养护一点通——家用简易防虫法》就OK了。另外，每月喷洒多菌灵，也能防患于未然。

翻盆换土，在每2～3年的春天进行。

马齿苋树的话

植物幼儿园在马齿苋科家族中招聘1名幼师，报名者多达200位。这给招聘单位带来巨大的麻烦。主考官煞费苦心，不知怎么样才可以一次筛得只剩下20名，最好2名。而且，这办法既简洁省事，又公平有效。

副主考官一筹莫展地说：“不然，把这个问题留给应聘者？”

主考官眼睛一亮，马上发卷筛选——假如你是主考官……

半小时后，有2名应聘者晋级，它们是太阳花和马齿苋树。

“请问，你如果面对啼哭不止的幼儿？”主考官问。

“我讲故事，我告诉它大灰狼最喜欢吃爱哭的孩子。”太阳花说。

“如果大灰狼真的来了呢？”

“我用圆柱形的叶子吓唬大灰狼，我要扎死它。”太阳花竖起鲜嫩嫩的小尖叶子。

太阳花走了。马齿苋树走进来。

“你喜欢太阳花吗？”主考官问。

马齿苋树想了想说：“喜欢。”

“如果幼儿的啼哭引来了大灰狼，你怎么办？”主考官问。

“我与大灰狼公平谈判。”马齿苋树胸有成竹地说。

“你继续讲。”

“大灰狼恶名在外，我给它平反的机会，它说过我的叶子是天平的两端。大灰狼有一个强盗逻辑，它常常问，‘我会不会吃掉这些孩子？如果答对了，我把孩子原样还你；如果答错了，莫怪我，要怪就怪你自己。我就不客气了。’很多孩子就是因为大灰狼的强盗逻辑被吃掉的。”

主考官问：“快说，你怎么回答？”

马齿苋树不急不忙地说：“你决定聘用我吗？”

主考官急于知道答案，当下签订了聘用合同。

马齿苋树看了看天平叶片，从容地说：“我当然回答‘大灰狼是要吃掉这些孩子的’。大灰狼走了。它因此赢得一个‘言而有信’的好名声。孩子们从这件事上可以学到两个知识点：第一，做人要言而有信；第二，智慧就是力量，用智慧为自己争取自由和平等。”

马齿苋树

『木棉科』

发财树

发财树，又名瓜栗、中美木棉
学名（拉丁名）*Pachira macrocarpa*

【简介】发财树是木棉科中美木棉属的常绿小乔木。
【原产】墨西哥至哥斯达黎加。
【特征】幼树干的皮是绿色的，幼枝是栗褐色的。掌状复叶3～11枚小叶（通常5枚）。小叶长椭圆形或倒卵状长椭圆形，全缘，小叶近无柄，总叶柄长10～15cm。花单生叶腋，花瓣淡黄色，上部反卷，花梗粗壮，被黄色星状毛。
【花期】5～11月。
【习性】耐阴。耐旱。可以长期放在室内仅有散射光的条件下生存。安全越冬不低于5℃。

plant tips
园艺师的小叮嘱

发财树一般采用扦插法和锯干栽种法繁殖。

扦插法：剪下成年树的顶部的健壮枝干，10～15cm长，晾一天后，插入腐叶土与河沙的混合土中，约5cm深。温度不低于15℃。每半月浇水1次。

锯干栽种法：将树干锯成三段，晾一天后，分别植到透水良好的土壤里。

生长期保持湿润，过干容易生长不良，过湿容易烂掉根部。等新叶抽生时，每天向叶面喷水2次。冬季，每周浇水1次。

施肥和病虫害防治：施足基肥后，不必再追肥。每年新梢萌发时，施1次肥即可。如有虫子光临这片风水宝地儿，参照《植物养护一点通——家用简易防虫法》就OK了。另外，每月喷洒多菌灵，也能防患于未然。

翻盆换土，每1～2年的春天进行。

发财树的话

每每看到造诣颇深的表演家、运动员，在万众瞩目的场景展现技艺，你的内心油然而生一种说不出的惊叹！在植物界，也有类似的。

幼年的发财树，身体可以随意弯曲，经常三三两两拥抱在一起，“你中有我，我中有你”地缠绕成辫子状，这门技艺，让其他树种刮目相看。这是人工的树辫子，它是否有过疼痛，就不得而知了。

一棵成年的发财树，敦厚、壮美，高高举着平展的星状叶片，马不停蹄地输送氧气，给你见“一树而知森林”般的快乐。为了表示感谢，住人屋檐下的它，把内心的话儿秘密地藏到叶子里，顺着氧气这条道爬出来——祝你财源广进。

『桑科』

橡皮树

橡皮树，别名印度榕
学名（拉丁名）*Ficus elastica*

【简介】橡皮树是桑科榕属的常绿乔木。
【原产】印度、马来西亚。
【特征】全株光滑。叶宽大具长柄，厚革质，表面有光泽，长圆形至椭圆形，先端短、锐尖，边全缘，侧脉多而平行，叶柄粗壮。幼芽红色，具苞片，皮层中具乳汁。
【习性】喜光。喜温暖、湿润环境。亦能耐阴。不耐寒。安全越冬不低于5℃。

plant tips
园艺师的小叮嘱

橡皮树一般采用扦插法和空中压条法繁殖。

扦插法：剪取一年生或二年生的壮实枝条，12～15 cm长。枝条有3～4个节，保留顶端2片叶，插入河沙土中。避免阳光直射，置半遮光处，1个月后分盆另植。

空中压条法：选取一年生或二年生的壮实枝条，在割伤表皮下方的地方围捆塑料薄膜，翻上去内装青苔等易蓄水的材料，浇足水后将上口绑扎结实，保持湿润。约3个月生根，生根后剪离大株。

室内栽植橡皮树以中、小型为好。春天，当长到1 m左右时，在高处打顶，促使萌发侧枝。此后，每年春天，将侧枝剪短，让侧枝再生新枝。经过修剪整型后，枝条不仅丰满，而且常有新叶出生。

夏季是生长旺季，每天浇水1～2次；冬季，每5～7天浇水1次，浇透为止。

施肥和病虫害防治：施足基肥后，每月追薄肥1次。橡皮树喜光，但不喜欢走极端，35℃以上的高温尽量避免。冬季盆土以偏干为好。偶尔有介壳虫、蚜虫光临这片风水宝地儿，参照《植物养护一点通——家用简易防虫法》就OK了。另外，每月喷洒多菌灵，也能防患于未然。

翻盆换土，在每2～3年的春天进行。

『桑科』

橡皮树

Ficus elastica

橡皮树的话

新生儿的免疫力最脆弱，空气、温度和周围的一切对它来说，都是陌生的。橡皮树最清楚这一点。

新叶出生，都必不可少地经历这样一段心理和生理过程。它不知道它的出生是否适应环境，更不知道环境是否包容它的到来。它出生的时候，被缠裹了一层又一层，缩成一个针形的小尖芽。因缠裹得太紧，全身红透。这尖尖的小红芽成了开路先锋——先试探虚实。如果环境不适，它很快通知后面的大队人马转移，这样一来，受创面积就降到了最低点。

阳光适宜，温度适宜，空气的纯净程度勉强过关。接到小红芽的探测报告后，整片叶子作蚌壳状跟进。直到日渐壮大，成为一片肥厚的叶子，仍然保留着对于这个世界的怀疑。它不像别的植物的叶子那样平展，而是呈宽厚的摇篮状，做好不测的防备。

一排排绮丽的摇篮给你安全感，一抹抹耸立的红芽给你探险感。有时候，你需要安全；有时候，你需要探险。橡皮树说。

橡皮树

『莎草科』

旱伞草

旱伞草，又名伞草、水棕竹、风车草、水竹
学名（拉丁名）*Cyperus alternifolius*

【简介】旱伞草是莎草科莎草属的多年生常绿草本植物。
【原产】马达加斯加。
【特征】茎秆丛生，三棱形，直立无分枝。叶鞘状，秆顶有多数叶状的总苞苞片，密集螺旋状排列，伞状。复伞形花序，小穗短矩形，扁平，每边有花6～12朵，聚于辐射枝顶；无花被。
【花期】4～8月。
【习性】喜温暖、湿润及通风良好的环境。极耐阴。忌夏季阳光直射。不耐寒及干旱。安全越冬不低于5℃。

plant tips
园艺师的小叮嘱

旱伞草一般采用分株法和扦插法繁殖。

分株法：在4～5月，结合翻盆换土时进行。将植株扣出花盆，切割出每丛4～5个根茎秆或小芽，分盆另植即可。

扦插法：一年四季均可。从茎秆顶端以下3 cm处将叶状总苞片剪下，周围剪掉仅留中心2 cm，然后将茎秆插入细沙土中，苞片平铺与沙土面密贴。一次浇透水。每天喷水1～2次，保持湿润。在20～25℃气温时，约20天生根，并萌发多数小株苗。

新株长成后，经常向叶面喷水。不要让盆土过干，尤其在生长期间应及时浇水。如水分不足，会引起叶片卷曲，叶子发黄、发暗，植株显得没精打采，从而影响生长及其观赏。旱伞草是极耐阴的植物，夏季时，应避开强烈的直射光，置于遮光处养护。

施肥和病虫害防治：施足基肥后，每月追薄肥1次，施肥不宜多，否则茎秆长得过于高大，容易比例失调，也会影响观赏效果。平时放在通风、向阳处，不易生病虫害。偶尔有介壳虫、红蜘蛛光临这片风水宝地儿，建议采用手工捉虫法清除，或者参照《植物养护一点通——家用简易防虫法》就OK了。另外，每月喷洒多菌灵，也能防患于未然。

翻盆换土，在每2年的春天进行。

『莎草科』

旱伞草

Cyperus alternifolius

旱伞草的话

你出门在外。旱伞草没有手机，不能电话里说，也不能短信里写，更不能发E–mail。它想了想，用独特的方式给你写了一封露天的信。这封信人人看得到，却非人人读得懂。

没有信笺，哪里有字。旱伞草就地取材，用秆顶的青青叶子，编排一个伞形的圆圈。这是它编的最大的圈儿，在大圈儿里，又用小花编了一个又一个小圈儿。用这些大大小小的圈儿表达内心的思念。

围观的人看了半天说，这哪是私密信件呀，明明是风车草嘛。

你回来后，给它洒了水。它浸了水后，露出一圈圈的字儿：

相思欲寄无从寄，编一个圈儿替；
话在圈儿外，心在圈儿里；
我密密加圈，你须密密知我意：
单圈儿是我，双圈儿是你；
整个圈儿是团圆，破圈儿是别离，
还有那说不尽的相思，把一路圈儿圈到底。

旱伞草

『山茱萸科』

花叶青木

花叶青木，又叫洒金珊瑚、洒金桃叶珊瑚、洒金东瀛珊瑚
学名（拉丁名）*Aucuba japonica* var. *variegata*

【简介】花叶青木是山茱萸科桃叶珊瑚属的常绿灌木。
【原产】日本、中国台湾。
【特征】小枝粗圆，绿色。叶对生，椭圆形至长椭圆形，先端急尖或渐尖，缘疏生粗锯齿，叶面有光泽，并有大小不一的黄色斑点或斑块，酷似点点黄金。圆锥花序顶生。花小，紫红或暗紫。
【花期】3～4月。
【习性】喜阴。在林下疏松、肥沃的微酸性壤土或中性壤土生长繁茂。如阳光直射而无庇荫处，则生长缓慢。耐寒。短时间内-15℃也不受冻害。抗烟尘和有害气体能力强。

plant tips
园艺师的小叮嘱

花叶青木一般采用扦插法繁殖。

扦插法：在4月进行。剪取1年生的枝条，8～10 cm长，留上端1对叶，插到盆土里，一次浇透水，放在通风、遮阳处养护，约30天生根。

春、秋季，每3天浇水1次；夏季，每天浇水1次；冬季，每5～7天浇水1次。

施肥和病虫害防治：施足基肥后，每2个月追薄肥1次。冬季停止。病虫害极少。

翻盆换土，在每1～2年的春天进行。

『山茱萸科』

花叶青木

Aucuba japonica var.variegata

花叶青木的话

观叶类植物的共同点，是在四季不秃的叶片上做文章。花叶青木就是这样的。

当它是个小小孩的时候，叶子和桃树的叶子差不多，长长的，叶端尖尖的，叶面绿绿的。

有一天，花叶青木在地上乱画。

妈妈走来说："哎哟，我儿是天才画家，画得真好。"

爸爸走来，一脸迷惑地问："我儿，你画的是啥？"

花叶青木说："爸爸，你猜猜我画的是啥。"

爸爸说："我的天才儿子，爸爸智商有限，猜不出来。你随便画好了，但千万别画在叶子上。"

"为什么？"花叶青木问。

妈妈替爸爸回答："花神要来了。"

花叶青木想，为什么不可以画到叶子上？我是天才画家，我随便画好了，尤其画在叶子上。于是，它信手在叶子上随便画。它不知道要画什么，只想知道画在叶子上会怎么样。

黄昏，花神进了门。夕阳多情地照在每个角落。

花神看着满屋的金子，责怪道："我说过不要破费，你们怎么不听话呢。干嘛用这么多金子招待我，我是普通的肠胃，消化不了这个。"

第二天，大家听说花叶青木的家里洒满黄金，纷纷前来，当人们明白这是花叶青木画上去的，都叫它洒金珊瑚。

花叶青木

『肾蕨科』

肾 蕨

肾蕨，又名蜈蚣草、篦子草
学名（拉丁名）*Nephrolepis auriculata*

【简介】肾蕨是肾蕨科肾蕨属的多年生常绿草本植物。
【原产】中国。
【特征】根状茎短而直立，下面向四周生出长长的匍匐茎，并从匍匐茎的短枝上长出圆形块茎。叶披针形，一回羽状分裂，羽片以关节着生叶轴上。孢子囊群着生于侧小脉顶端。
【习性】喜半阴。忌高温。不耐严寒。安全越冬不低于3℃。

plant tips
园艺师的小叮嘱

肾蕨一般采用分株法繁殖。

分株法：在春天进行。将大株分出一小丛，另外盆栽。肾蕨繁殖能力极强，甚至在横走的匍匐茎上压一土块或固定在盆土表面上，就可以形成新株。

新株长成后，放在通风、散见光处养护，保持盆土湿润。夏季每天向叶面喷水，但不要过多，尤其不可长期积水。冬季控制浇水量。

施肥和病虫害防治：施足基肥后，每月稍施薄肥1次。每月喷洒多菌灵，提前预防病虫害。若见了虫，参照《植物养护一点通——家用简易防虫法》就OK了。

翻盆换土，在每年或隔年的春天进行。

肾蕨的话

植物和动物是分不开的。植物靠动物传粉和进化，动物靠植物生存和发展。有时候，作为弱势群体的植物会反抗动物。这不，肾蕨和一只蜈蚣正在掐架。

蜈蚣说："你不要模仿我。好不好？"

肾蕨说："对，你不要模仿我。"

蜈蚣说："我模仿你什么？"

肾蕨说："你模仿我的叶子和我的叶轴。"

蜈蚣说："拜托，是你的叶子和叶轴模仿了我的脚和关节。如果我模仿了你，我为什么不叫肾蕨虫？你呢，正是因为你的叶子和叶轴仿照我的样子，你才叫蜈蚣草的吧。"

肾蕨说："人们的叫法向来跟我没关系。在生命史上，是你模仿了我而出生。"

蜈蚣说："不对，我的祖先在前，你的在后。"

肾蕨说："我早想给你说这句话了。"

蜈蚣说："看看，你又模仿我说话了不是。"

『石蒜科』

文殊兰

文殊兰，又名十八学士
学名（拉丁名）*Crinum asiaticum*

【简介】文殊兰是石蒜科文殊兰属的多年生常绿草本植物。
【原产】亚洲热带。
【特征】大鳞茎长圆柱形，有毒。叶多数，基生，带状披针形。花莛腋生，伞形花序外具2个佛焰状大型苞片，苞片反折，有花20多朵；花被的筒直立，成高盆状，花被的片是线形，白色，有香气。
【花期】春、夏。
【习性】喜光，但幼株应适当遮阳。耐盐碱。稍耐阴。不耐寒。安全越冬不低于5℃。

plant tips
园艺师的小叮嘱

分株法：在3～4月，结合翻盆换土时进行。

将大株从盆底扣出，把周围的鳞茎剥下，尽量少伤根。再将幼株直接栽入培养土中，但不宜根系太深，也不宜太浅，以不见鳞茎为度。然后浇水，放置散射光处。15天后进入正常养护。

春、秋季，每天浇水1次；夏季，除每天浇水外，并向叶面喷水。冬季，减少浇水量。花开过后，应及时剪去花梗，减少养分消耗。

施肥和病虫害防治：生长期喜肥，每15天施薄肥1次。冬季停止。平时注意通风、换气，一般不生病虫害。除夏季遮阳，冬季御寒外，其他时间应在见阳处养护。如有虫子前来光临，参照《植物养护一点通——家用简易防虫法》就OK了。

翻盆换土，在每2～3年的春天进行。

『石蒜科』

文殊兰

Crinum asiaticum

文殊兰的话

一天，两棵文殊兰在交谈。

“最近，植物界出一件怪事儿，你听说了吗？” 文殊兰甲说。

“啥稀罕事儿？”文殊兰乙漫不经心地问。

“听说一个叫原草的家伙破译了植物的语言。”文殊兰甲神气地说。

“哦，我知道。它呀，其实就是一棵普通的小草，既不聪颖，也不勤奋，就是闲着没事儿的时候，老喜欢蹲点儿。”文殊兰乙仍然漫不经心地说。

“是吗？你见过它？”

“嗯，不止一次见过。它的身子骨瘦得像面条，哪像咱们宽得像条河。”

“它开花不？说不定开花是它的强项呢！”文殊兰甲说。

“瘦面条能开什么花！哪像咱，每到花期，开出20朵。”文殊兰乙骄傲地说。

“它写咱不？”

“它写不了。”

“为什么？”文殊兰甲十分诧异。

“咱太高贵了，普通人来不到这里。”文殊兰乙回答。

“我听说它写了君子兰。”文殊兰甲有点失落。

“君子兰没有学位，咱有，咱学位高，咱是十八学士！它一介小草破译不了。”文殊兰乙肯定地说。

“是吗——”文殊兰甲惆怅地望着窗外，“我倒希望它来写写我。”

文殊兰

『石蒜科』

君子兰

君子兰，别名大花君子兰
学名（拉丁名）*Clivia miniata*

【简介】君子兰是石蒜科君子兰属的多年生常绿草本植物。
【原产】南非。
【特征】根系粗大，肉质。叶基部形成假鳞茎；叶片宽带状，互生排列，全缘，革质，深绿色。伞形花序，有花数朵至数十朵；花漏斗状，直立，橘红色。
【花期】冬至翌年春季。
【习性】喜肥沃、疏松、透气性良好的微酸性土壤。性健壮。耐阴。忌夏季阳光直射。安全越冬不低于3℃。

plant tips
园艺师的小叮嘱

君子兰一般采用分株法繁殖。

分株法：在3～4月，结合翻盆换土时进行。

近年，新的分株法繁殖经验是等待分蘖（脚芽或小苗）长到8或9片叶时，开始切离。把带根的幼株，直接栽入培养土中。放晾3天，一次浇透水，7天后进入正常养护。如果不翻盆换土，切离的是不带根的幼株，则在伤口处涂抹木炭灰，避免感染。然后插入到河沙土中，一次浇透水，用塑料罩上，放半阴处。保持盆土湿润，约30天生根。再移栽培养土盆中。当年可以见花。

君子兰有发达的肉质根，不耐水湿，耐旱。浇水过多容易烂根，浇水过少又影响新叶生长。一般来讲，春、夏季，每天浇水1次；秋季，每2天浇水1次；冬季，每4～5天浇水1次。

施肥和病虫害防治：生长期每10天追1次小肥；炎热多雨季节，不宜施肥，10℃以下停止生长，进入休眠期，也不宜施肥。放在通风、向阳处，一般不生病虫害。如有虫子光临这片风水宝地儿，参照《植物养护一点通——家用简易防虫法》就OK了。另外，每月喷洒多菌灵，也能防患于未然。

翻盆换土，在每1～2年的4～5月或9～10月进行。

君子兰的话

一本典雅的绿色书摊开，微风款款而行，书页轻轻舞动。

君子兰在读书，书页在手中翻卷。也许，它在读宋真宗的《劝学诗》：安居不用架高楼，书中自有黄金屋；娶妻莫恨无良媒，书中自有颜如玉。

读书，带你住进黄金屋，携你相见颜如玉的美人。如果你是位女子，读书使你潜生高贵的气质；读书让你滋生端庄的容颜。

君子兰是酷爱读书的植物，它端坐在这里，与你“物以类聚”地朝夕相伴。

『十字花科』

羽衣甘蓝

衣甘蓝，别名叶牡丹
学名（拉丁名）*Brassica oleracea*

【简介】羽衣甘蓝是十字花科芸薹属的二年生草本植物。
【原产】欧洲。
【特征】为食用甘蓝（卷心菜、包菜）的一个变种。莲座状叶丛。叶似卷心菜而不卷心，叶面皱缩，叶大，肥厚，重叠着生在短茎上；形态与叶色多变化，有皱叶、不皱叶，叶缘有翠绿、深绿、黄绿等；叶中心有白、淡黄、肉色或紫红等。总状花序顶生。
【花期】4～5月。
【习性】喜光。喜凉爽。耐寒。

plant tips
园艺师的小叮嘱

羽衣甘蓝一般采用播种法繁殖。

播种法：在8月进行。将种子撒在河沙土上，再覆一层细沙，以盖没种子为度，一次浇透水，约7天出苗。长出4～5片叶时，移到盆中定植。

新株长成后，浇水可适当增加，根据天气变化而定，雨天少浇，若是连晴数日，则应勤浇水。浇水原则尽量做到见干见湿，不可过量。

施肥和病虫害防治：生长期喜肥，每月施薄肥1次。11月停止施肥。放在通风、向阳处，很少生病虫害。偶尔生蚜虫和菜青虫，用蒜汁对付就OK了。虫子们最受不了蒜味儿。还可以把生了虫的叶子剪掉，或者人工捉虫，多体验几次就会有更多更好的治虫办法。

二年生的草本植物，不存在翻盆换土了。第三年收集种子，另外栽种即可。

羽衣甘蓝的话

“长时间宅居室内，对你不好。”羽衣甘蓝说。

“谢谢。”你说。

“人不能活在黑暗里，哪怕有一丝的微光，你也是明亮的。如果连这丝的微光也没有，那么，亲爱的，你就微笑吧。微笑是世界上最清澈透明的物体，它能够穿透无数黑暗而成为唯一的光源——明亮你自己。”

“好的，谢谢！”你微笑了。

“这就对了，人不能活在黑暗里。”羽衣甘蓝娓娓而语。

『天南星科』

白鹤芋

白鹤芋，又名和平芋、白火焰花、白掌、苞叶芋
学名（拉丁名）*Spathiphyllum wallisii*

【简介】白鹤芋是天南星科苞叶芋属的多年生常绿草本植物。
【原产】不详。
【特征】株高40 cm以上，具短根茎。叶长椭圆状披针形，叶脉明显，叶柄细，比叶片长。花莛直立，高出叶丛，佛焰苞直立向上，稍卷，乳白色，微香。
【花期】5～10月。
【习性】喜高温、湿润环境。喜半阴。忌夏季阳光直射。安全越冬不低于5℃。

plant tips
园艺师的小叮嘱

白鹤芋一般采用分株法繁殖，在春天进行。

分株法：当块茎开始抽芽，结合翻盆换土时进行。从大株上切取带幼芽的块茎，入盆另植，注意保留好根系。

白鹤芋是耐阴植物，生长旺季保持盆土湿润，经常向叶片喷水，增加空气湿度。冬季，减少浇水量。经常放在明亮的散见光处培养。尤其是夏季要遮阳。其他季节可以不遮光或少遮光。若长期光线太暗则不易开花，如果长期低温，又容易引起叶片脱落或焦黄。

施肥和病虫害防治：施足基肥后，每月追肥1次。平常注意通风、换气，一般很少生病虫害。如有虫子光临这片风水宝地儿，参照《植物养护一点通——家用简易防虫法》就OK了。另外，每月喷洒多菌灵，也能防患于未然。

翻盆换土，在每年春天进行。

白鹤芋的话

在一汪绿色的海面上，高高扬起一张白帆，这就是白鹤芋。绿叶清新，白花洁净，给人安静、祥和之感，没有战火，没有纷争。

人和植物一样，终其一生不过数日，何不保持一种淡雅、清新的姿态，闲适地欢度每一天呢。

平安欢度每一天，就是白鹤芋蕴含的人生观。

『天南星科』

春 羽

春羽，又叫羽裂蔓绿绒
学名（拉丁名）*Philodendron selloum*

【简介】春羽是天南星科喜林芋属的多年生常绿藤本植物。
【原产】巴西、巴拉圭。
【特征】生长繁茂，原是附生树干上，气生根直达地面。茎短，叶丛状生于茎顶。叶片羽状分裂，羽片再次分裂，浓绿色，有光泽。叶柄坚挺而细长。
【习性】喜温暖、潮湿环境。耐阴。

plant tips
园艺师的小叮嘱

春羽一般采用扦插法和分株法繁殖。

扦插法：在5～9月进行，剪取健壮茎干2～3节，插入河沙土中，保持湿润，约20天生根。

分株法：在3～5月进行，将基部萌生的分蘖切离，另行栽种。

生长期保持湿润，经常对叶面喷水。平时，每10天浇水1次，浇透为止。冬季，盆土宜偏干。

施肥和病虫害防治：除施足基肥外，每月略施薄肥1次。冬季生长慢，停止施肥并减少水量。偶尔有介壳虫光临这片风水宝地儿，建议采用手工捉虫法清除，或者参照《植物养护一点通——家用简易防虫法》就OK了。另外，每月喷洒多菌灵，也能防患于未然。

翻盆换土，在每年春天进行。翻盆时将老土磕掉，换上新的腐叶土。

春羽的话

在植物界，不乏充满梦想的，春羽就是其中之一。

每当看到鸟儿们在空中自由自在地飞，春羽不仅羡慕，而且有一个大胆的想法——舒展叶片，尝试飞翔。

叶片就是翅膀，等翅膀大了，硬了，它仍然飞不起来。然而，春羽并没有放弃梦想，而是把长得稍大一点儿的叶片，再次分裂成羽毛状，进行第二次试飞。

为了梦想，或许一生只是徒劳，春羽却一如既往地保持旺盛的追求。春夏秋冬，从不放弃。

『天南星科』

龟背竹

龟背竹，别名蓬莱蕉、电线兰、龟背蕉
学名（拉丁名）*Monstera deliciosa*

【简介】龟背竹是天南星科龟背竹属的常绿藤本植物。
【原产】墨西哥。
【特征】茎粗壮，节多似竹，故名龟背竹。茎上生有褐色气根。嫩叶心形，无孔，长大后呈不规则羽状深裂；各叶脉之间有穿孔，革质，下垂，如龟甲图案。花茎多瘤，佛焰苞淡黄色，花穗乳白色。
【习性】喜温暖、湿润环境。喜半阴。忌夏季阳光直射。安全越冬不低于3℃。

plant tips
园艺师的小叮嘱

龟背竹一般采用扦插法和压条法繁殖。

扦插法：在4～6月进行，从茎部剪取一段，两头直剪即可（不必斜剪），留2～3节，约15 cm长。晾半天（去水），以免生根时腐烂，带叶插入河沙土中。放半阴处。半月浇水1次，保持一定湿度。

压条法：在5～8月进行，在盆的一侧另外放盆，当茎蔓长过另盆的中心时，将其埋入盆土中，约2个月生根，切离后，即可进入正常养护。

龟背竹浇水要适量，夏、秋季，每天向叶面喷水2～3次，增加空气中的湿度。冬季宜偏干，以免烂根，每5～7天喷洗叶面1次，保持叶片清新、明亮。

施肥和病虫害防治：除施足基肥外，夏、秋生长旺季，约15天施薄肥1次。10月停止追肥。每月喷洒多菌灵，提前预防病虫害。如果生有介壳虫、红蜘蛛等，建议采用手工捉虫法清除，或者参照《植物养护一点通——家用简易防虫法》就OK了。

翻盆换土，在每2～3年的春天进行。

龟背竹的话

怪模怪样的龟背竹，笨笨拙拙地走来。

龟背竹在拉丁语中是“绿野怪物”。说它怪物，一点不冤屈。它本来是藤本植物，却不像别的藤本植物那样耐于依附。它的叶片肥大而多孔，叶色浓绿，富有光泽。

单说叶片，各叶脉之间，居然有大小不等的椭圆形小孔。龟背竹穿这些小孔打算干什么，至今是一个谜。因此，如果说它不是怪物，恐怕其他植物都有意见。不过，这位“绿野怪物”挺憨厚，而且颇具豪迈、开拓、自由之精神。

每当看到它，你豁然开朗，萌生豪迈之气。有这等生命之气，你不仅愉悦，而且增长心智，何乐而不为？

『天南星科』

绿萝

绿萝，别名黄金葛、魔鬼藤
学名（拉丁名）*Scindapsus aurens*

【简介】绿萝是天南星科藤芋属的常绿藤本植物。
【原产】马来半岛。
【特征】蔓长达10 m以上。以攀缘茎附于他物上，具气根。茎节间具小沟。叶卵形，全缘或少数具不规则深裂，光亮，淡绿色，少数有黄色斑块。
【花期】4～6月。
【习性】喜温暖、湿润环境。喜半阴。忌夏季阳光直射。安全越冬不低于5℃。

plant tips
园艺师的小叮嘱

绿萝一般采用扦插法繁殖。

扦插法：春、秋季，剪取约15 cm长的枝条，将基部2片叶摘掉，插到培养土里，每盆3～5根。放在半阴处，保持盆土和空气湿润。每天喷水2～3次。约20天生根、发芽，成为新株。

新株长成后，每周浇水1次。绿萝耐阴性强，春、夏、秋三季放在室内，需有散射光。冬季放在南面或西面的窗口。

绿萝喜湿，但不能浇水过多，以盆土稍稍湿润为好。冬季减少浇水量，每周喷洗叶片，保持叶片光亮、碧绿。

施肥和病虫害防治：施足基肥后，每月追肥1次。平常注意通风、换气，一般很少生病虫害。如有虫子光临这片风水宝地儿，参照《植物养护一点通——家用简易防虫法》就OK了。另外，每月喷洒多菌灵，也能防患于未然。

翻盆换土，在春天进行。幼株每年1次，成株每2年1次。

绿萝的话

娇秀的绿萝，从出生那天起就不争阳光。在它看来，能够让柔软的身子有所依托，就足够了。感恩的心，自始至终没有消停过。它不求太大的空间，也不求炽热的阳光，只求与你在一起，已经幸福了。幸福其实很简单——每天释放新鲜的氧气，清扫空气中的不洁之物。

为了节省空间，它高高爬在你的房间之上；为了亲近你，它任性地弯下身来。每每微风吹拂，便在空中肆意摇曳，这就是绿萝。

『铁角蕨科』

鸟巢蕨

鸟巢蕨，别名巢蕨、山苏花
学名（拉丁名）*Neottopteris nidus*

【简介】鸟巢蕨是铁角蕨科巢蕨属的多年生常绿草本大型附生蕨类植物。

【原产】中国。

【特征】根状茎短，顶部纤维状分枝，卷曲，密生条形鳞。叶丛生于根状茎边缘顶端，向四周辐射状排列，形成鸟巢状，叶缘具波状皱曲或锯齿，革质，阔披针形，正背面均为亮绿色。叶柄近圆柱形。叶片阔披针形，浅绿色。孢子囊群狭条形，生于叶脉上侧，囊群盖条形，厚膜质。

【习性】喜高温、潮湿和荫蔽环境。忌夏季阳光直射。适宜生长温度20~27℃。不耐寒。安全越冬不低于5℃。

鸟巢蕨常附生于雨林或季雨林内的树干或林下岩石上。团集成丛，能承接大量枯枝落叶、飞鸟粪便和雨水，并将这些转变为腐殖质营养，可作为自己的养分，同时还为其他热带附生植物，如兰花和其他的附生蕨，提供定居环境。

plant tips
园艺师的小叮嘱

鸟巢蕨一般采用播种法和分株法繁殖，在春天进行。

播种法：用孢子繁殖，将生于叶脉上侧的袍子囊群取下，均匀地播于盆土，撒上薄薄一层细沙，喷水，时常保持土壤表面湿润。约50天可长出新的孢子体。

分株法：将密生的盆栽集丛株，连叶带根分割成5~7片为一丛，另植盆中，放在20℃以上的庇荫处养护，直到新叶生出，成为新株。

鸟巢蕨管理比较粗放，春、秋季，每2~3天浇水1次；夏季，每天浇水，并时常向叶面喷水，保持叶面光洁；冬季，减少浇水量。

施肥和病虫害防治：施足基肥后，在春、夏季，每月施1次肥。秋、冬季停止。放在通风、散见光处，一般少生病虫害。每月喷洒多菌灵，提前预防也是很有必要的。

翻盆换土，在每2~3年的春天进行。

『铁角蕨科』

鸟巢蕨

Neottopteris nidus

鸟巢蕨的话

宝贝，我给你做一个小窝，你将健康、快乐地生活。大鸟巢蕨说。
谢谢你。你像阳光一朵，开在我的小心窝。小鸟巢蕨说。
我给你讲一讲我们的祖先鸟巢蕨，曾经住在雨林里的大树下。大鸟巢蕨说。
祖先是不是很孤单，大树有没有欺负它？小鸟巢蕨问。
大树一直往上长，为我们的祖先遮挡了强烈的阳光。
哎呀，没有阳光怎么活，你说过万物生长靠太阳。
阳光撇开树叶探过来，祖先向它热情鼓掌。
没有食物怎么办，大树把地上的食粮吃光光？
树上的叶子掉下来，有一部分变成了食粮。
大树真是一个热心肠，我想回到原始雨林，怎么样？
唉，时光如水朝前走，大树和我们的祖先变成了土壤。大鸟巢蕨说。
小宝贝，你呆在小窝别出来，永远不会变土壤。小鸟巢蕨说。
你说什么，我是你的小宝贝？大鸟巢蕨问。
嘘——我让时间往回走，待会儿你就变小了。小鸟巢蕨说。
我变小了，你呢？大鸟巢蕨问。
我在给你做小窝，你将健康、快乐地生活。小鸟巢蕨说。
谢谢你。你像阳光一朵，开在我的小心窝。大鸟巢蕨说。

鸟巢蕨

『铁线蕨科』

铁线蕨

铁线蕨，别名铁丝草、铁线草
学名（拉丁名）*Adiantum capillus-veneris*

【简介】铁线蕨是铁线蕨科铁线蕨属的多年生草本蕨类植物。

【原产】中国。

【特征】根状茎横生，具淡棕色针形鳞片。叶薄，无毛；叶柄细长而坚挺，犹如铁丝，紫黑色，基部具鳞片；叶片卵状三角形，鲜绿色，长10～15 cm，宽8～16 cm，中部以下2回羽裂，小羽片斜扇形至斜方形，外缘浅至深裂，不育叶裂片顶端钝圆，具细锯齿，叶脉扇状分叉。孢子囊群生于变形裂片顶端反折的囊群盖上；囊群盖肾形至短圆形。

【习性】喜温暖、湿润环境。喜半阴。忌夏季阳光直射。安全越冬不低于5℃。

plant tips
园艺师的小叮嘱

铁线蕨一般采用扦插法和分株法繁殖。

扦插法：剪取带有两片叶子的根状茎，扦插即可。

分株法：春季，结合翻盆换土时进行。将原盆中的株丛扣出，切断其根状茎，分别盆栽。

春季，是生长期，每天喷水1次，使其生长茂盛。夏季，每天喷水2次，也可在洗澡的时候，把它搬到卫生间，增加空气湿度。秋季，叶丛过密，易导致叶片发黄，应将老叶适当修剪。冬季，经常向叶面喷雾，保持枝叶鲜绿。

施肥和病虫害防治：除施足基肥外，每月略施薄肥1次，夏季和冬季不施肥。经常通风、换气，很少生病虫害。如有虫子光临这片风水宝地儿，参照《植物养护一点通——家用简易防虫法》就OK了。另外，每月喷洒多菌灵，也能防患于未然。

翻盆换土，在每年春天进行。

铁线蕨的话

铁线蕨有黑色的茎，那条茎叫铁丝。

铁丝因为肤色而烦恼，黑黑的，锈锈的，像非洲老大哥。它想，我的祖籍在中国，好歹我也该遗传黄种人的肤色吧。

铁线蕨有扇形的叶子，那叶子叫绿扇。绿扇像一个小巧的女孩儿。

绿扇认为，皮肤黑是因为太阳晒的缘故，只要铁丝不晒太阳，皮肤就变白了。于是，每当太阳照来，它就奋勇向前地用绿色扇子挡住阳光。

铁丝虽然抱怨皮肤黑，但是，每当看到绿扇姑娘忘乎所以地玩耍而摇摇欲坠时，就连忙伸手挽住它。绿扇不知其意，当它看到铁丝又晒在阳光下，就又忙不迭地展开绿色扇子遮挡……茂密的绿扇层层铺盖，每天为铁丝倾身遮挡；绿扇所到之处，每每都有裸露的铁丝支撑相挽。

就这样，一个倾身相助，另一个鼎力支撑，彼此相伴成长。

『五加科』

鹅掌柴

鹅掌柴，别名小叶手树、鸭脚木
学名（拉丁名）*Schefflera octophylla*

【简介】鹅掌柴是五加科鹅掌柴属的常绿灌木。
【原产】中国。
【特征】分枝多，枝条紧密。掌状复叶互生，全缘，浓绿色，有光泽。圆锥花序顶生，冬季开花，白色，有芳香。
【习性】喜温暖、湿润环境。喜半阴。在空气湿度高、土壤水分足的环境下生长良好。安全越冬不低于5℃。

plant tips
园艺师的小叮嘱

鹅掌柴一般采用扦插法繁殖，在春、秋季进行。

扦插法：剪取1～2年生的健壮枝条，12～15 cm长，每段上有3～4个芽，去掉下部的叶片，扦插到河沙土中，一次浇透水，保持湿润。约30天生根，2个月后分栽到培养土盆里。

夏季，需要较多的水，每天浇水1次。冬季，每3～5天浇水1次。

施肥和病虫害防治：每半月施肥1次，冬季停止。放在通风、向阳处，很少生病虫害。如有虫子光临这片风水宝地儿，建议采用手工捉虫法清除，或者参照《植物养护一点通——家用简易防虫法》就OK了。另外，每月喷洒多菌灵，也能防患于未然。

翻盆换土，在每年3月进行。翻盆时将老土磕掉，换上新的腐叶土。

鹅掌柴的话

一天，植物界召开动员大会。

会长说："城市的发展越来越快，树木的发展越来越少，据可靠消息说，生活在钢筋水泥间的人们日渐增多，而空中的氧气越来越稀薄……"

"是吗？氧气少了，人们的身体受到损害……"

"树木越来越少，城市就会沙漠化，未来的孩子怎么办？"

一时间，动员大会成了讨论会。会长喊了半天话，不起作用。会长急中生智，拿出花鼻兽的面具套到脸上。大伙儿这才安静下来。

"请问，谁愿意微距生活在人们中间？"会长说。

"我愿意。"

"我也愿意。"

"还有我。"

鹅掌柴高高举起了小手，它奉献的是纯朴无邪的情感，索要的仅仅是与你朝夕厮守的一掌立足之地。

热情、无私而率真，就是鹅掌柴的语言。你读到了吗?

『五加科』

八角金盘

八角金盘，又名手树
学名（拉丁名）*Fatsia japonica*

【简介】八角金盘是五加科八角金盘属的常绿灌木或小乔木。
【原产】中国台湾、日本。
【特征】茎干直立，少分枝。叶具长柄，掌状5～9裂，革质，叶尖大多呈八角状；有光泽，边缘有锯齿或波状。花序复伞房状，密生黄色柔毛；花两性或杂性，顶生；苞片白色，开后脱落。
【花期】10～11月。
【习性】喜温暖、湿润环境。极耐阴，耐湿，怕干旱。忌夏季阳光直射。萌蘖性强。不耐严寒。安全越冬不低于0℃。

plant tips
园艺师的小叮嘱

八角金盘一般采用扦插法和分株法繁殖，在3～4月进行。

扦插法：剪取带有顶芽的2年生的健壮侧枝，10～15 cm长，上半部带有2～3片叶，插入河沙土中，浇水并放置遮阳处保湿，约20天生根。

分株法：将大株从盆底扣出，修剪不良的根系，然后用利刀切出3～4根为一丛，分盆另植。浇水，放置通风、凉爽处养护，20天后可进入正常管理。

春、秋季，每3～4天浇水1次；夏季每天浇水，并向叶面喷水；冬季减少浇水量，每4～7天浇水1次。逢阴雨天，浇水可迟延。

施肥和病虫害防治：除施足基肥外，每月追施薄肥1次，冬季停止。每月喷洒多菌灵，提前预防病虫害。平时注意通风、换气，否则会生介壳虫、红蜘蛛等。若生了虫，建议采用手工捉虫法清除，或者参照《植物养护一点通——家用简易防虫法》就OK了。

翻盆换土，在每2年的春天进行。

八角金盘的话

电视不想看，书不想读，音乐不想听，电脑不想玩，朋友不想见；饭吃了八成，觉睡了九足；既不为事烦，也不为情累，介于无聊和闲适之间的你，徘徊于这种状态。

八角金盘看了你老半天，说：“哎，你想知道你的未来吗？”

你散步的神气一下子“立正”到小小的瞳仁里：“想呀，我做梦都想！你能预知我的未来？”

八角金盘说：“你想知道什么？”

你的眼睛亮出很多颜色：“我想知道的太多了！我有太多太多的问题都想提前知道……”

“你最多可以问八个。”八角金盘说。

“八个？”你说，“八个也行。”

“开始吧。”

“我会有很多很多钱吗？”你急不可耐地问。

“是的，有很多。”八角金盘伸出一个手指说。

“天哪，这真是一个美好的社会。”你凑近一步，小声问，“很多是多少？我能花完吗？”

“足够多，多得你永远花不完。”八角金盘伸出第二个手指。

“哎，那你说，我什么时候可以住上四周是玻璃墙的房子，外面是一个花园，而且太阳照在我的游泳池上，到处是莺歌燕舞？”

“当你拥有足够多的钱，这些都是小菜一碟。”八角金盘伸出第三个手指。

“啊，这个社会超级可爱呀！连你都知道小菜一碟？”

“是的。”八角金盘伸出第四个手指。

“那我出门购物，是刷卡呀，还是拿百元大钞？”在你的眼睛里看不到瞳仁了，里面全是色彩。

“有时候刷卡，有时候是百元大钞。”八角金盘伸出第五个手指。

“我是不是每次都给他们小费？”

“是。”八角金盘伸出第六个手指。

“我有了这么多钱，谁来和我共享？”

“奥巴马。”八角金盘伸出第七个手指。

“谁？”

“一只小狗。”八角金盘伸出第八个手指。

“我的爸爸妈妈呢？”

“你已经问完了八个问题。”八角金盘摊开手掌说。

“求求你，我想知道我的爸爸妈妈呢？”你的眼睛里突然渗出晶莹的泪珠。

八角金盘

『五加科』

大叶伞

大叶伞，又叫昆士兰遮树、方式叶鹅掌柴、伞树
学名（拉丁名）*Schefflera macorostachya*

【简介】大叶伞是五加科鹅掌柴属的常绿乔木。
【原产】澳大利亚及太平洋中的一些岛屿。
【特征】茎干直立，少分枝，嫩枝绿色，后呈褐色，平滑。叶为掌状复叶，小叶的数目随树木的年龄而不同，幼小时3～5片，长大后5～7片，至乔木状时多达16片。
【习性】喜温暖、湿润、通风和光照良好的环境。喜半阴。不耐寒。安全越冬不低于5℃。

plant tips
园艺师的小叮嘱

大叶伞一般采用扦插法和空中压条法繁殖。

扦插法：初夏，剪一段枝条，8～10cm长，带2～3节，留叶柄上的1～2片叶，晾两个小时后，插入河沙土中。1个月生根。避免夏季阳光直射，置半遮光处养护。

空中压条法：用塑料扎严，不让漏水。在散开的塑料袋上放蛭石、珍珠盐（土）、水，搅拌均匀后装在塑料袋里，上部再扎严。3个月后从底部剪掉，插到河沙土中。

浇水每5～7天1次。浇透水为止。

大叶伞喜光，但35℃以上的高温尽量避免。平时保持盆土湿润，过干或过湿都会引起树叶脱落。生长期经常向叶面喷雾。冬季盆土可稍偏干。

施肥和病虫害防治：施足基肥后，每月追肥1次。夏季是生长旺季，半月施肥1次。如通风不畅，大叶伞会生介壳虫。建议采用手工捉虫法清除，或者参照《植物养护一点通——家用简易防虫法》就OK了。另外，每月喷洒多菌灵，也能防患于未然。

翻盆换土，在每3年的春天进行。

『五加科』

大叶伞

Schefflera macorostachya

大叶伞的话

一天，鲁班的手指被小草划破了，他曲身向小草讨教。小草耐心地讲述草叶的边缘排列的小齿如何锋利。听完课，鲁班模仿锋利的草叶而创造了伐木工具——锯。

这件事很快在植物界传开了——“高级动物的人在向我们植物学习哩！”

大叶伞很好奇，一路打听，来到了春秋战国时期的鲁国。在一个国家找人，好比在撒哈拉沙漠里淘金，大叶伞费了几番周折，来到鲁班门前。这时，一个落汤鸡似的女人跑来。

旁边的植物抹掉脸上的雨水说，这女人是鲁班妻。她大早上煎了两条黄花鱼，提着出了门，半下午才归。

三天后，鲁班妻又煎两条黄花鱼，提着出了门。大叶伞尾随其后。

天突然下起大雨。鲁班妻前不着村后不着店，成了一只标准的落汤鸡。她跑一步，退两步，随手掠了一把大叶伞，把手帕盖在上面，罩着两条黄花鱼。

半个时辰后，鲁班口里吃着黄花鱼，心里不是滋味。

“怎么了，先生？黄花鱼变味了？”

“老天爷下雨，淋着你，我吃着不香啊。”

鲁班妻童心大发，旋转着大叶伞说：“先生，我们何不发明一个像它一样的东西，我就淋不着雨了。”

一句话提醒了鲁班。他曲身向大叶伞讨教。大叶伞耐心地讲述了中间这根叫大叶柄，上面的小绿叶都有一根小叶柄，这些小叶柄聚集在大叶柄的头上。听完课，鲁班和鲁班妻模仿大叶伞而创造了雨具——伞。

每一个成功人士的身后，都有一棵大叶伞。大叶伞如是说。

大叶伞

『五加科』

常春藤

常春藤，别名洋常春藤
学名（拉丁名）*Hedera helix*

【简介】常春藤为五加科常春藤属的常绿藤本。

【原产】欧洲。

【特征】茎长5 m，嫩枝具褐色星毛。有气生根。单叶互生，在一株上有两种叶形，营养枝上叶片3～5裂；花果枝上叶片卵形至菱形，全缘。叶面深绿色，具光泽，背面淡绿色；叶脉色浅，多为黄白色。花序伞状球形，具细长总梗，花小，黄白色，各部均有灰白色星毛。

【习性】耐低温。不耐旱。对土壤要求不严。安全越冬不低于0℃。

plant tips
园艺师的小叮嘱

常春藤一般多用扦插法和压条法繁殖，在6～8月进行，极易成活。

扦插法：剪取嫩枝条，5～10 cm长，插入到河沙土中。15天生根后，分盆另植。

压条法：将嫩枝压入土中，伴随大株生长，使其逐渐生根。生根后连枝带根切离大株，另外盆栽。

在春、夏、秋生长期间，盆土略湿润一些，每周浇水1次；夏季，忌阳光直射。冬季盆土稍偏干为好，否则容易引起烂根。

施肥和病虫害防治：生长期每月施肥1次，冬季停止。偶尔有蚜虫光临这片风水宝地儿，用蒜汁应付就可以了，蚜虫最受不了这个味儿。或者参照《植物养护一点通——家用简易防虫法》就OK了。另外，每月喷洒多菌灵，也能防患于未然。

翻盆换土，在每2年的春天进行。

常春藤的话

“你爱我吗？”
“爱。”
“如果我不乖，你爱我吗？”
“爱。”
“如果我做了一件让你生气的事儿，你爱我吗？”
“爱。”
“如果我离开你，你爱我吗？”
“爱。”
“如果我变成了一只小鸟，流浪到远方，你认不出我，你爱我吗？”
“爱。”
“你爱我多久？”
“只要活着，一直爱你，哪怕剩下最后一口气。”
……

我爱你，亲爱的，永远爱。爱不是绑架你，囚禁你，而是温暖你，包容你，给你辽阔的天地。虽然有时，你是孤独的，但恰恰因为孤独，你才有了幸福感。常春藤如是说。

『苋科』

五色草

五色草，又叫红绿草
学名（拉丁名）*Scindapsus aurens*

【简介】五色草有5种，即大叶红、小叶红、绿草、黑草和白草。白草属于景天科，其余4种为苋科植物。因为大叶红、小叶红、绿草应用最为广泛，故而统称红绿草。五色草是苋科莲子草属的多年生草本植物，常作一、二年生栽培。

【原产】巴西。

【特征】茎直立或基部匍匐，多分枝，呈密丛，节膨大。叶对生，长圆倒卵状披针形或匙形，全缘，绿色或红色，或部分绿色杂以红色或黄色斑纹。头状花序腋生或顶生，花喜光。

【习性】喜温暖、湿润环境。忌干旱。忌夏季阳光直射。不耐寒。安全越冬不低于10℃。

plant tips
园艺师的小叮嘱

五色草一般采用扦插法繁殖。

扦插法：在8～9月进行。剪取当年生的顶端嫩枝，6~8cm长，有2～4个节，摘除底部多余的叶子，只留上部2片叶，插进河沙土中，约1/2深。用喷壶细喷水，喷透为止。放置通风且遮光处养护。

每天向叶面喷水2～3次，阴雨天减少。在20～25℃的适宜温度下，4～5天生根。生根后，每2～3天浇水1次，15天后，除去遮阳物，进入正常养护。

施肥和病虫害防治：施足基肥后，不再追肥。如有虫子前来光临，参照《植物养护一点通——家用简易防虫法》就OK了。另外，每月喷洒多菌灵，也能防患于未然。

一、二年生的草本植物，不存在翻盆换土了。

五色草的话

“我是绿草，我最重要，没有绿草的世界让人烦躁。”绿草说。

“我是红草，我最重要，没有红草的世界让人冷清。”红草说。

“绿草，是最好的草。”

“红草，是最好的草。”

“我不理你了。”

“我也不理你了。”

过了片刻，广场上来了俩小朋友，他们在玩彩球。

“你看那个圆，一半是红的，一半是绿的。”绿草说。

“是的，光有一种颜色不好看。”红草说。

“红草和绿草一样重要，就像一个圆，你是我的另一半。”绿草说。

“你说得对，红草离不开绿草，你是我的另一半。”红草说。

于是，红草和绿草走到一起，组成了一个整体。

『小檗科』

十大功劳

十大功劳，又名窄叶十大功劳
学名（拉丁名）*Mahonia fortunei*

【简介】十大功劳是小檗科十大功劳属的常绿灌木。
【原产】中国。
【特征】高达2 m。干皮灰褐色，粗糙。奇数羽状复叶互生，小叶5～9枚，窄披针形，端渐尖，基广楔近无柄，缘具刺状齿，上面深绿色具光泽，下面黄绿色，叶脉凸起，总叶柄基部两侧各有一针形托叶。总状花序集生于近顶部，形成圆锥花丛，花小密生，黄色。
【花期】8～10月。
【习性】耐阴。有一定的抗寒、抗旱能力。在-10℃低温下能够安然度过。

plant tips
园艺师的小叮嘱

十大功劳一般采用分株法和扦插法繁殖，在每年春天进行。

分株法：将大株从盆底扣出，修剪不良根系，然后用利刀切出2～3个为一丛，分盆另植。浇水，放置通风、凉爽处，20天后进入正常养护。

扦插法：剪取1～2年生的健壮枝条，约15 cm长，插入盆土中，浇水。如气温高，则搭棚遮阳，并喷水保湿。约2个月生根。也可选取嫩枝扦插，应当剪取上年或当年生的嫩枝条，适宜生长温度为22～30℃，约1个月生根。

春、秋季，每3～4天浇水1次；夏季，每天浇水1次，并向叶面喷水；冬季，减少浇水量，每4～7天浇水1次。逢阴雨天，浇水可延长。

施肥和病虫害防治：除施足基肥外，偶尔追施薄肥1次。注意通风、换气，一般不生病虫害。如有虫子光临这片风水宝地儿，参照《植物养护一点通——家用简易防虫法》就OK了。另外，每月喷洒多菌灵，也能防患于未然。

翻盆换土，在每2～3年的春天进行。

『小檗科』

十大功劳

Mahonia fortunei

十大功劳的话

1. 随地吐氧。不管是否有损形象，想吐就吐，才不要在乎他人的感受。

2. 随便乱吃。哪怕是有毒的气体，想吃就吃，才不要在乎自身消化系统的承受能力。

3. 好客多事。水要流，土要走，它不仅好言相劝，而且百般阻挠、强人所难地挽留。

4. 金玉其外。过分讲究衣着打扮，夺人美目，侵入心田。绿叶窄短一般般，又拿黄花来点缀；黄花太小看不见，又添黄色到叶半。

5. 败絮其中。内里无不纳垢藏污。飞禽走兽的粪便和腐烂植物的残骸尽收其中。

6. 混进银行。整日标榜自己不近美色，不染铜臭之气，一副洁身自好的样子，暗地里经常混进银行，笼络钱财，名为创收。

7. 遮人耳目。人们失眠的时候，想听听汽车的喧嚣，它偏偏堵住人家耳朵；人们烦心的时候，想看看风沙的舞蹈，它偏偏挡住人家眼睛。

8. 冒充嘉宾。不请自到，端坐餐桌之上。把自己最鲜嫩的部分与人分享，无视旁观者的目光。

9. 酷似渊博。充当学问家，处处显摆自己是力量的化身，举着一本无人顾及的草药书。

10. 涅槃重生。把人间所有的情感偷偷带走，投身火海，以期消灭前面的九大劣迹，获得重生。

十大功劳

『竹芋科』

孔雀竹芋

孔雀竹芋，又名马克肖竹芋、五色葛郁金、蓝花蕉
学名（拉丁名）*Calathea makoyana*

【简介】孔雀竹芋是竹芋科肖竹芋属的多年生常绿草本植物。
【原产】巴西。
【特征】株形挺拔，密集丛生。叶柄紫红色，从根状茎长出。叶簇生，淡黄绿色，叶片宽，卵形或长圆形，先端钝圆，有短尖，上面茶青绿或乳黄色，自中脉向外有深绿色扩展块，这种块在叶下面呈红色。
【习性】喜温暖、湿润环境。喜半阴。忌夏季阳光直射。

plant tips
园艺师的小叮嘱

孔雀竹芋一般采用分株法繁殖。

分株法：在春天结合翻盆换土时进行。分株过早，气温低，伤口愈合慢，易引起腐烂，影响成活。适宜生长温度为15～25℃，将大株从盆内扣出，除去陈土，用利刀将其切成3～4个芽为一丛，在切口处涂木炭粉，用于防腐。接着，上盆栽植。一次浇透水，放在半阴处缓苗。7天后，移置光线较好处，进入正常养护。

新株长成后，每2～3天浇水1次。夏季，每天浇水1次，并向叶面喷水，保持盆土湿润，但不可积水。冬季进入半休眠状态，应控制浇水量，盆土以偏干为好。

施肥和病虫害防治：每月施肥1次。冬季停止。平时注意通风、换气，一般不生病虫害。若通风不畅，偶有介壳虫或红蜘蛛光顾，建议采用手工捉虫法清除，或者参照《植物养护一点通——家用简易防虫法》就OK了。另外，每月喷洒多菌灵，也能防患于未然。

翻盆换土，每1～2年的春天进行。

孔雀竹芋的话

紫色、红色、黄色、绿色、白色，将这五色调和为半绿半黄色、半白半青色、半紫半红色，展现你面前的就是这样一幅画。

驻足这幅画前，你想象它出自一双怎样的手。手是工具，是颜料的一部分。而高于工具之上的是画家的灵感。灵感是艺术的主宰，它在生活之上。

一只孔雀翩翩起舞，美丽的翅膀波澜壮阔，翻转成一道道舞姿。

迷失在纷乱的舞步里，你揉醒了眼睛，想象它出自一双怎样的脚。脚是工具，是舞步的一部分。而高于舞步之上的是舞蹈家的灵感。灵感是艺术的主宰，它在生活之上。

傍晚，孔雀竹芋望着瘦瘦的月亮。一个新的灵感降落，月亮立马又瘦了一圈。

『竹芋科』

青苹果竹芋

青苹果竹芋，别名圆叶竹芋、苹果竹芋
学名（拉丁名）*Calathea rotundifolia*

【简介】青苹果竹芋是竹芋科肖竹芋属的多年生常绿草本植物。
【原产】巴西。
【特征】根出叶，丛生状，叶鞘抱茎。叶柄为浅褐紫色。叶片大，薄革质，卵圆形，叶缘呈波状，先端钝圆。叶面淡绿或银灰色，沿侧脉有排列整齐的银灰色宽条纹。
【习性】喜温暖、湿润环境。喜半阴。忌夏季阳光直射。

plant tips
园艺师的小叮嘱

青苹果竹芋一般采用分株法繁殖。

具体方法同孔雀竹芋。

施肥和病虫害防治：参见孔雀竹芋。

翻盆换土，在每1～2年的春天进行。

青苹果竹芋的话

“如果看书累了，你怎么消除眼睛疲劳？”

“远眺树叶和青草呗。”

“如果你在高楼大厦上，远眺不到树叶和青草呢？”

“走出房间呗。”

“如果你的时间不充足？”

“那就继续呆着呗。你说怎么办？”你问。

“你可以看我。”青苹果竹芋毛遂自荐。

你几乎贴着叶面，夸张地看着它，眼里流露出几分不屑。

“不要零距离看我！”青苹果竹芋说，“应当在40 cm之外的地方，否则，即使把我整张贴到眼睛上，也起不到帮你消除眼睛疲劳的效果。”

你刮目相看，与它保持在40cm之外。

“亲密无间是有尺度的，像叶片上的脉络泾渭分明，否则，对方会伤害到你的。”青苹果竹芋说。

『棕榈科』

散尾葵

散尾葵，别名黄椰子
学名（拉丁名）*Chrysalidocarpus lutescens*

【简介】散尾葵是棕榈科散尾葵属的常绿丛生灌木或小乔木。
【原产】马达加斯加。
【特征】原产地高达3～8 m。茎干光滑，具环纹状叶痕，从地面分枝。羽状叶全裂，叶扩展，拱形，羽片为黄绿色，表面有蜡质白粉，披针形。叶柄平滑，黄色，上面有沟槽。花序为圆锥花序，具分枝，花小，成串，金黄色。
【花期】5月。
【习性】喜光。耐阴。对土壤要求不严。5℃以上安全越冬。

plant tips
园艺师的小叮嘱

散尾葵一般采用分株法繁殖。

分株法：从3年生的大株上分离，在4月进行。将分蘖较多的植株翻盆，抖掉陈土，在基部切成数丛，每丛有2个以上的蘖芽，一次浇透水。要求室内温度20℃左右，经1～2年的养护，成为新株。

生长季节保持盆土湿润和适当的空气湿度。春、夏、秋季，应遮去50%的阳光。冬季，可置阳光充足的地方通风、换气。

施肥和病虫害防治：施足基肥后，不必勤追肥。每2个月追施薄肥1次。注意通风、换气，几乎不生病虫害。如有虫子光临这片风水宝地儿，参照《植物养护一点通——家用简易防虫法》就OK了。另外，每月喷洒多菌灵，也能防患于未然。

翻盆换土，在每2～3年的春天进行。

散尾葵的话

散尾葵被弃在路旁。
你拾得它，略加养护。几天后，它又茁壮起来。
不久，有女子仰慕而来。
“拾别人扔掉的东西，你不觉得颜面丢尽，有失身份吗？”
“不觉得。”
“你不怕人耻笑？”
“耻笑什么？”
“耻笑你贪财爱物，舍不得花钱。”
“你耻笑吗？”
女子摇头，说：“我比不得你，你有勇气。我怕人耻笑。”
“它是一棵植物，难道不该活了吗？人是万物之灵，人的胸怀哪里去了？”你领首笑语。
女子莞尔：“这么说，你是有胸怀的人喽，你收养了散尾葵。”
“表面上是我收养了它，事实上是散尾葵收养了我。”你看着散尾葵，“它刚劲的茎节，舒扬自如的叶子，还有远眺着的风韵，收养了我这颗孤独而颓废的心。”

LEAF 棕榈科

『棕榈科』

袖珍椰子

袖珍椰子，别名袖珍棕、客室棕、玲珑椰子
学名（拉丁名）*Chamaedorea elegans*

【简介】袖珍椰子是棕榈科袖珍椰子属的常绿小灌木。
【原产】墨西哥及危地马拉。
【特征】单干生，直立，不分枝，茎深绿色，有环纹。叶生枝顶，羽状复叶全裂，小叶生，全缘，多反卷。
【习性】喜温暖、湿润的环境。喜半阴。5℃以上安全越冬。

plant tips 园艺师的小叮嘱

袖珍椰子一般采用播种法和扦插法繁殖。

播种法：种子随采随播，保存水分不被蒸发。在25℃左右的温度下，经2～3个月即可发芽。幼苗生长初期较快，但长出真叶后发育很慢，一般2～3年生苗，才可上盆。

分株法：从大株的根部分蘖而出，1次可分株多盆。

春季，每2天浇水1次；夏、秋季空气干燥，每天浇水2次，并且经常往叶面喷水，增加空气湿度，保持盆土湿润；冬季减少浇水量。

袖珍椰子怕夏季强光直射，即使受到短时间直射，也会引起叶片焦枯，叶色变黄。反之，放在遮阳处生长，叶色浓绿。

施肥和病虫害防治：对肥料要求不高，生长期每月施肥1次，秋、冬季不施肥。在空气干燥、通风不良时会生介壳虫。建议采用手工捉虫法清除，或者参照《植物养护一点通——家用简易防虫法》就OK了。另外，每月喷洒多菌灵，也能防患于未然。

翻盆换土，每2～3年的春天进行。

袖珍椰子的话

这是一个普通的房间。袖珍椰子进来后，打量了一番。

“普通人是没有故事的。普通人拼命奋斗，才能成为普通人活在世上。否则，连普通的袖珍椰子都请不起。说起来够寒碜的，这几片叶子还不够兔子的一顿晚饭。”你说。

“不要动辄拿植物当饭吃，现在和你说话的是普通的袖珍椰子。”显然，袖珍椰子有意见了，它虽然普通至极，却不喜欢有人在它名字前面加上定语。

“呵，原来你是一棵会说话的袖珍椰子呀，那么，故事开始了。”你说。

“我不仅会说话，还会弹钢琴哩。”说罢，袖珍椰子弹起绿色琴键，一首曲子飞了出来。

一行行跳跃的绿色音符，给简朴的房间带来生命的活力。

唱吧，跳吧，让每一天都鲜亮！袖珍椰子如是说。

花言草语

HUA YAN CAO YU

【植物养护一点通】

土壤

肥料

水

家用简易防虫法

植物的分类

……

PLANT TIPS

一、土壤

SOIL

土壤质地分类

土壤质地是指土壤的物理性状，即土壤的沙性、黏性程度。根据土壤的沙黏程度，一般将土壤分为沙土、黏土和壤土三大类。

沙土类：土粒间隙大，土壤养分少，通气和渗水性能好，保水、保肥性能差。

黏土类：土粒间隙小，通气和排水性能差，湿则泥泞，干则板结，但保水、保肥能力强。

壤土类：兼有沙土和黏土的优点，克服了二者的缺点。通气透水性能好，保水、保肥能力强，适合植物生长。

盆栽植物的培养土的主要材料有哪些?

素沙土：就是纯沙子，也叫河沙土，大多来自河滩处，比如建筑用的沙子。这种沙子质地纯净，沙子细腻，含黏性少，排水性能好，但不含其他肥力。主要用于植株的扦插，是配制培养土的主要材料之一。

园田土：又称黄土，是栽培作物的熟土，多团粒结构，是排水、通气性较好的土壤。

腐叶土：是用落叶、枯草等经过堆积、发酵、腐熟而成的。这种土的腐殖质含量高、质轻、疏松、保水性强、通透性好，是配制培养土的主要材料之一。

以上三种材料是必备的，下面几种，有了更好。在条件允可和实际栽培过程中，灵活掌握，酌情添加。

山泥：是由山间树木落叶长期堆积而成。分黑山泥和黄山泥两种，都为酸性，前者含腐殖质较多，后者较少。

砻糠灰：是稻谷壳燃烧后而成的灰，略偏碱性，含钾元素，排水透气性好。

厩肥土：动物粪便、落叶等物掺入园土、污水等堆积沤制而成，具有较高的肥力。

木屑、锯末、炉灰渣、蛭石、珍珠岩等，都是配制培养土的好材料。

培养土配制的比例

培养土配制没有固定的比例，一般家庭盆栽植物的培养土比例是：腐叶土4.5份、园土2.5份、河沙土2.5份、其他0.5份。按这种比例配制出的培养土，相对来说，质地疏松，透水性能好，养分多。

如何对培养土进行消毒?

日光消毒法：

把配制好的培养土放在清洁的水泥地面或木板上薄薄摊开，晒3天。这方法在夏季进行最好，如不能，可延长晒的天数。

加热消毒法：

蒸煮，或高压加热或蒸汽加热，持续30～60分钟，可以达到消毒目的。家庭盆栽没有加热设备的，可放入旧铁锅里在火上翻炒约20分钟。

万物之本，腐叶土的好处

腐叶土又称为腐殖土，是植物的枝叶在土壤中经过微生物分解发酵后形成的营养土。这种营养土适宜绝大多数植物生长。采集也方便，郊外树木下的土壤就是。

腐叶土的好处，有以下几点：

1. 质轻疏松，透水通气性能好，且保水保肥能力强；
2. 多孔隙，长期使用不板结，易被植物吸收；
3. 含有机质、腐殖酸和少量维生素、生长素、微量元素等，能促进植物的生长发育；
4. 分解发酵中的高温能杀死其中的病菌、虫卵和杂草种子等，减少病虫害。

培养土“旧貌”换“新颜”

盆栽过的旧培养土，在翻盆换土时扔掉了，实在可惜。如何让它重新利用呢？只需要消毒就行了。

消毒办法很简单，就是将旧培养土放进塑料袋中，密封袋口。放在大太阳底下晒10天，冬季可增加到15天。晒时保持湿润。经过这样消毒，旧培养土重又新生，可以重新使用了。

FERTILIZER

二、肥料

新型的盆栽植物肥料

随着盆栽植物越来越多地进入室内，市场上出现了新型的盆栽植物的专用肥料。它最大的优点是克服使用有机肥料所产生的臭气，给室内观叶、观花的爱好者带来了极大的便利。

1. 片状肥料：全元素片肥、促花片肥、促叶片肥

全元素片肥：含有按适当比例混合的各种营养元素，除氮、磷、钾外，还有微量元素，适合于一般盆栽植物的生长和发育的需要。

促花片肥：以磷、钾为主，可以促进花蕾形成，增大花朵，延长花期，抑制徒长，适用于观花类和观果类植物需要。但不能与促叶片肥同时使用。

促叶片肥：以氮为主，适用于幼苗期间的植物成长和观叶类植物需要。

2. 腐殖酸类肥料

以含腐殖酸较多的草炭等为基质，加进适当比例的各种营养元素制成的有机、无机混合肥料。其特点是肥效缓慢，性质柔和，呈弱酸性，适用于多种盆栽植物需要，尤其对喜酸性的植物更为适宜。

施肥“三忌”

1. 忌花期施肥

植物正在花期。施氮肥会刺激植物生长，花器官得到的养料减少，花朵发育受到抑制，开花期推后，花朵早凋，花期缩短。

2. 忌雨天和晚上施肥

每当早春和晚秋的阴雨天，气温降低，每到晚上，气温也降低，叶片蒸腾与根系吸收力降低，如果这时候施肥，肥料利用率低，大多积存到土壤里，容易伤根。

3. 忌高温施肥

高温施肥，容易引起植株体内生理代谢失调，造成枝叶萎蔫、花朵凋谢。

三、水

WATERING

不宜喷水的盆栽植物

大岩桐、蒲包花、蟆叶秋海棠、非洲紫罗兰等叶面上长着比较厚的茸毛，水珠进去后，容易被收藏，不能轻易蒸发掉，长久收藏而消化不良导致叶片腐烂。

仙客来的球茎上的叶芽和花芽，非洲菊叶丛中的花芽，也有收藏功能，长时间的水珠容易使自身腐烂；君子兰叶丛中央的假鳞茎，在孕蕾期间遇水会影响出箭；对于盛开的花朵，也不宜多喷水，否则，水珠容易造成花瓣霉烂或影响受精，降低观赏价值。

盆栽植物常用浇水法

1. 普通浇水法

自上向下浇水。缺点是容易使下层的盆土长期干燥，乃至造成土壤板结，不利于根系发育。用此浇水法，要确保水从盘底的排水孔溢出方可。

2. 盆底吸水法

将花盆放在另一较大的盛有清水的容器中，使水由盆底渗湿到盆土表面。优点是吸水面大，防止土壤板结，促进根部发育。缺点是盆土中的盐分会上升，积累在盆表和盆缘，造成难看的盐斑。

以上两种基本浇水法，宜交替使用。

什么是见干见湿？

盆栽植物种类较多，大体上分为水生、湿生、中性、半耐旱、耐旱5类。每类植物对水分的需求量不一样。

所谓“见干”，是指浇过1次水后等到土面发白，表层土壤干了再浇第2次水，绝不能等盆土全部干了才浇水。

所谓“见湿”，是指每次浇水时都要浇透，即浇到盆底排水孔有水渗出为止。但不能浇“半截水”，也就是上湿下干。

盆栽植物的根系大多集中盆底，浇“半截水”等于没浇水。见干见湿的方法，满足了植物生长发育时所需要的水分，又保证根部呼吸作用所需要的氧气。这种浇水方法适用于中性类植物。

什么是干透浇透？

植物离不开水，水缺了，会枯死；水多了，会烂掉根部而淹死。所以，浇水要适度，比如“干透浇透”就是一个很好的度。

所谓“干透”，是指盆土表面干了再浇水，这样的话，第二次浇水与上次浇水之间有间隔，方便土壤中有充足的氧气供根部吸收，并不是要等完全干了再浇水。所谓“浇透”，是指每次浇水让它喝足为止，即喝到盆底排水孔有水渗出才行。这种浇水方法适用于半耐旱和耐旱植物。

家中无人浇水法

因外出十天半月不在家，怎么给花卉浇水？以下几种浇水法供参考。

吸水法

将毛巾或宽布条一端浸在水盆中，将水盆放置在稍低于花盆旁边，再将毛巾的另一端压在花盆底下，由于毛巾等的毛细管作用，使水分徐徐上升浸润到盆底排水孔等处，渗入盆内使盆土滋润。

滴灌法

安装一个像人打吊针一样的滴管装置，让瓶装的水从滴管内慢慢滴入花盆的根部，再扩散到土中被根系吸收利用。

坐水法

选一个大而浅的瓷盘，在盘中装入一层湿沙土，再将花盆坐在湿沙上面。水分通过沙土的毛细管作用不断地供给花卉生长需要。此法只适用于湿生花卉或其他需水量较大的植物。

套盆法

小型的花盆，放入大的花盆中，在两盆壁间放入湿沙土，让沙中含的水分通过小花盆的盆壁渗入另盆内，以补充水分的不足。

OTHER

四、其他

一刻也离不了的空气

空气是多种气体的混合物。它无色，无味，主要成分是氮气和氧气，还有极少量的氦、氖、氩、氪、氙、氡等稀有气体和水蒸气、二氧化碳、尘埃等。

空气是地球上动植物生存的必要条件，动物呼吸、植物光合作用都离不开空气。

植物们利用空气中的二氧化碳、阳光和水合成营养物质，在此过程中，氧气被释放出来。人和动物依靠呼吸空气来获取氧气。

人离开水三天可以存活，离开阳光几个月甚至几年也可以存活，离开空气五分钟就因大脑缺氧而死亡。在地球上，植物越多，向空气中释放的氧气含量就越多，空气就会越纯净。

家用简易防虫法

蚜虫、红蜘蛛、粉虱（小白蛾）等虫子，是植物们的天敌，它们专门吞食植物，使植物死掉。为了防治，现介绍几种简易防虫法：

1. 烟梗防虫法。烟梗10克，水1千克，煮沸，放凉后，用清液喷洒，可杀蚜虫、红蜘蛛等。

2. 夹竹桃防虫法。夹竹桃的枝叶切碎，水煮沸半小时，放凉后，用清液喷洒，可杀蚜虫、粉虱（小白蛾），也可浇入盆内防治根蛆、线虫等“地下工作者”。

3. 干辣椒防虫法。干辣椒20克，水煮沸后，可杀蚜虫、红蜘蛛、粉虱（小白蛾）等。

4. 洗衣粉防虫法。洗衣粉加水1000倍，可以防治蚜虫、红蜘蛛、粉虱（小白蛾）、介壳虫等。

预测地震的含羞草

在强烈地震发生的几个小时之前，含羞草最先知道。对外界的风吹、气息和触动等特别敏感的含羞草，叶片会突然萎缩，然后枯萎。

在地震多发的日本，科学家观察、研究后发现，在正常情况下，含羞草的叶子是白天张开，夜晚合闭。如果含羞草的叶片，出现白天合闭，夜晚张开的反常现象，则大多是地震发生的先兆。

大自然的植物与高级动物的人类是如此息息相关，生生相连，只是后者常常视而不见，听而不闻罢了。

观察叶子，辨别阴阳

1. 根据叶形鉴别：

叶子针叶状的，如五针松、雪松，大多属于阳性植物；
叶子扁平呈鳞片状的，如侧柏、罗汉松，则略为阴性植物；
叶子阔大，常绿的，大多属于阴性或半阴性植物，如万年青、龟背竹；
叶子为落叶的，大多属于阳性，如桃花、菊花；

2. 根据叶子疏密程度鉴别：

叶小而较茂密的，大多属于半阴性植物，如文竹、天门冬；
叶大而较稀疏，且又伸展的，大多属于阳性植物，如一串红、夹竹桃；

3. 根据叶面的厚薄程度鉴别：

叶面较厚的，大多属于阴性植物，如一叶兰、君子兰；
叶面较薄的，则大多属于阳性植物。

黑色花儿为什么很少见？

1. 因为昆虫的选择而导致的结果。大多数植物是虫媒花。昆虫是花的媒人。花儿靠自身的颜色和香味来吸引昆虫，进行传粉。黑色的花儿很容易被昆虫们忽略，因而逐渐被大自然淘汰。

2. 因为太阳的灼伤而导致的结果。黑色的花儿很容易被太阳灼伤而死亡。黑色是不能反射光波的，而是把光波全部吸收，其他的白色、黄色的花朵，可以将太阳光中含热量的光波反射出去，以免灼伤自己，从而起到保护自己的作用，最后生存下来。

3. 因为花瓣本身所含的物质而导致的结果。花朵颜色与细胞内的各种色素相关，主要是花青素、胡萝卜素和无色花青素。无色花青素是无颜色的，呈白色；胡萝卜素是黄色或橙色的；花青素因酸碱性不同呈红色、蓝色或紫色。黑色是红、黄、蓝三原色以恰当的比例混合，使其反射的色光降到最低，即所有的色光被吸收造成的（黑色的瞳孔），也可以说是缺少光造成的（漆黑的夜晚），这种有光或少光的矛盾比较难于解决，细胞内的色素就爱理不理它了。

基于以上三种原因，黑色花儿就很少见了。

植物的叶子

植物的叶子万奇百怪，有的是单叶生于茎上；有的是成双结对生于茎上，且复生于柄上；有的数片交错有序地向空中延伸；有的紧紧贴在地面……叶子们如此巧妙地安排，一方面是为了让植物的主体受力均衡，另一个方面是为了最大限度感受阳光、雨露，由此看来，植物也是有头脑的。

芦荟和龙舌兰的同与不同

相同点：
1. 多年生常绿草本植物。
2. 茎节短。
3. 叶面有白粉，边缘和顶端有刺。
不同处：
1. 科不同。龙舌兰是龙舌兰科，芦荟是百合科。
2. 叶不同。龙舌兰的叶折断后，有细线状的筋，不流汁液。芦荟的叶折断后没有线状的筋，并且流出黏性汁液，黄色的，肉质部分是透明的。
3. 出叶不同。龙舌兰的外层叶包裹里层的叶，呈圆锥形，一层层外长。芦荟的叶分开的，能清楚看到里层的叶。
4. 刺不同。龙舌兰的叶缘有钩刺，叶顶端有一个坚硬的褐色刺。芦荟的刺没有前者硬，刺向着两边生长不带钩，而且越向顶端刺越小。
5. 花和果不同。龙舌兰的花序圆锥形，淡黄绿色的，果实呈椭圆形或球形。芦荟是总状花序，自叶丛中抽生，小花密集，橙黄色且有斑点，果实呈三角形。

备受青睐的观叶植物

观叶植物是指以植物的叶片为观赏目的的一类植物，也叫观叶花卉。

它分为彩叶、斑叶和奇叶三类。彩叶类植物，有彩色的叶片，如彩叶草；斑叶类植物，在绿色的叶片上镶嵌着白色、黄色等斑块或斑纹，如虎尾兰；奇叶类植物，有形状奇特的叶子，或呈现裂片状，或叶片上生有圆洞，如龟背竹等。

随着人们生活和工作节奏的加快，观叶植物越来越备受青睐，其原因如下：

1. 千姿百态的叶色、叶形，向人们展现大自然的斑斓多彩、奇异奥妙、丰盈离奇。
2. 大多数观叶植物为阴性或耐阴的植物，可以长期放在室内明亮的散射光处培养，不必拘泥光照的强弱等自然条件的限制。
3. 大多数观叶植物容易繁殖，便于管理，不必花费太多时间和精力来打理。

总之，以叶取胜的观叶植物，不受花开花落限制，四季常青，随时观赏。无论春夏秋冬，每天以青色或翠绿色的心情守望，无论你回来多晚，无论你多忙，它都春意盎然，生机勃勃。

正在休眠，请勿打扰

植物和人一样，休眠的时候，是不喜欢被打扰的。那么，在休眠期，植物应该如何养护?

在冬季休眠的植物，是因为原产地的冬季气温很低，它主动选择了休养。每逢这类植物过冬，就要停止施肥，减少水量。经过冬季漫长的休眠后，第二年才有精力长得更旺盛。

在夏季休眠的植物，是因为原产地的夏季气温很高，它主动选择了休养。每逢这类植物过夏，除了停止施肥、控制浇水外，还要防晒、防干燥。经常往叶面喷水，并放在通风处，就可以安全过夏了。

植物的免疫传感器

植物专家发现，植物具有特殊的免疫传感器，针对不同细菌、病毒和霉菌的入侵，它们启动自身相应的免疫系统。当细菌等微生物入侵时，一方面，植物细胞表面的“样本识别免疫传感器”，促使植物细胞分泌出具有抵抗功能的调节蛋白质，抵御入侵者；另一方面，植物细胞本身存在的特殊抗体蛋白质，可以与植物细胞的分泌物一起，共同抵御入侵者。

动物乃至人类是否也有类似的免疫系统，目前还是个问号。

植物的分类

按植物性质分为三类：木本植物、草本植物和水生植物。

木本植物：指茎部木质化的植物，它既可盆栽，又可地栽。如盆栽的山茶、杜鹃花、茉莉等。

草本植物：指茎部为草质的植物。其生育期可分为一、二年生和多年生草本植物。一年生草本植物是指春季播种，当年开花结实，秋冬死亡的，比如鸡冠花。多年生草本植物也叫宿根植物，它有永久性的地下部分，在当年植株开花后，地上部分有的当年死亡而根不死，第二年春天从根部重新萌发生长，如菊花。有的地上部分终年常绿，如兰花。

在多年生草本植物中，有些具有肥大的地下部分，如球茎、块根、块茎、鳞茎等，这些地下部分是富含养分的变态茎或变态根，统称为球根植物，如美人蕉、百全、郁金香。

水生植物：终年生长在水中。主要有荷花、睡莲等。依观赏要求分类：

因观赏部位不同，可分为观花、观果、观茎、观芽等。

观花类植物：观赏其花朵，如大丽花、牡丹以及大部分一、二年生和多年生的草本植物。

观果类植物：以果实色彩鲜艳、挂果时间长为佳，如佛手。

观叶类植物：这类植物特别适宜室内绿化，观赏期不受季节限制。如文竹、发财树。

观茎类植物：以具有一定特色的茎干为观赏部位。如玉树珊瑚、佛肚竹。

观芽类植物：这类植物极少，目前常见的是银柳，可在花芽肥大时，观其肥大的银色的花芽。

其他类植物：如形态特异、茎叶肥厚的仙人掌类和多肉植物。

植物吸氧，是微乎其微的

植物和人一样，日夜不停地进行呼吸。所不同的是白天有阳光，植物忙着光合作用，一刻不歇地吸进二氧化碳，吐出氧气。到了晚上，光合作用停止了，这时，植物们悠闲地开始呼吸，它们吸进氧气，吐出二氧化碳。

因此，有人担心，室内长期摆放植物会影响人的健康。也有人担心，植物和人分享氧气，氧气会变少。其实，这种担心是杞人忧天。植物们在白天释放的氧气远远大于自身所需，而夜间吸进的氧气是微乎其微的。否则，树木聚集的森林，永远只有植物，没有动物了。

植物的生长素

天然的植物激素很少，生长素是最早发现的植物激素。树的树冠，上尖下粗，是生长素作用的结果。顶端芽的生长素能抑制侧枝的生长，而越靠下面的顶端芽，抑制作用则越弱小。人们知道了这一点，就把植物的顶端芽剪掉，发展侧枝，可以收获更多的花果。

叶柄和托叶

叶柄位于叶片的基部，是支撑叶片与茎的联接部分，上端与叶片相连，下端长在茎上。叶柄是连接在茎和叶片之间的水、营养物质等的通道。有的叶柄细长，如牵牛。有的叶柄局部膨大，如水葫芦。有的近乎无柄，如金丝桃。甚至有的没有叶柄，被称为无柄叶，它们的叶片直接生在茎上。

托叶是叶柄的基部、两侧或腋部所着生的细小绿色或膜质片状物。托叶通常先于叶片长出，并在早期起着保护幼叶和芽的作用。托叶一般较细小。有些植物，托叶的存在是短暂的，随着叶片的生长，托叶很快就脱落，仅留下不为人注意的着生托叶的痕迹（托叶痕），称为托叶早落，如石楠的托叶。有些植物，托叶变得很细小，成针刺状，称托叶刺，如槐、锦鸡儿。